QE

設計・開発現場の品質工学

エネルギー比型 SN比

技術クオリティを見える化する新しい指標

鶴田明三 著

日科技連

推薦のことば

タグチメソッド(品質工学)のパラメータ設計や機能性評価で使用されるSN比と呼ばれる「安定性の尺度」は，入門者にとってはかなり難解な代物とされ，なぜそのようなわけのわからない代物を使わなければならないのかと首を捻る方も多い．本書で提案されている「エネルギー比型SN比」は，その難解なSN比がもつさまざまな問題点(そうした問題点は過去から指摘されてきた)を解決する目的で著者の鶴田氏らから提案されたものであるため，入門者にとってはさらにわけのわからない代物と思われるかもしれない．だが，本書はそのわけのわからない従来型SN比，その改良型であるエネルギー比型SN比を正面から取り上げ，難解な内容をやさしく解説した好著である．というよりも，提案されているエネルギー比型SN比そのものが難解さを解決するものとなっているのである．

筆者(立林)がはじめてエネルギー比型SN比を目にしたのは，2008年6月末に開催された品質工学会の研究発表大会であった．そのときは関西品質工学研究会の有志4氏(鶴田明三氏，太田勝之氏，鐵見太郎氏，清水豊氏)の共同研究の発表という形であった．もともとSN比がわけのわからない代物であることから，発表会場の反応は「自分たちには関係のない難解な発表」というものであり，その後も学会の中ではほとんど議論が行われてこなかったという経緯をもつ．

筆者が従来型の「望目特性のSN比の計算式」と「動特性のSN比の計算式」をはじめて目にしたのは1970年代末のことであった．最初は計算式のもつ意味やどこからその計算式が導出されたのかがわからず，田口玄一氏の著書を読み漁り，田口氏に直接質問したりして少しずつ理解していった．しかし，そうこうしているうちに，本書でも触れられている従来型のSN比の問題点のいくつかを実務の中で体験するようになったのである．一番強烈に問題点を実感したのは，望目特性のSN比で，SN比の分子$(S_m - V_e)/n$の計算のときに計算結果が負となってしまったことである．この部分は平均をmとするときに，m^2を推定しているはずなので負となることはないのである．しかし，実際の計算結果は負になったのである．どこかがおかしいと考えて田口氏に質問すると，いとも簡単に「V_eを引かずに計算したらよいでしょう」と回答されたのである．なぜV_eを引かないほうがよいかは本書の中で解説されているのでここでは詳説はしないが，$S_e = S_T - S_m$で求めたS_eの成分のほとんどはノイズの効果S_Nであることが原因している．このような問題は実は動特性のSN比でも体験していた．

筆者がエネルギー比型SN比の提案に注目したのはそのような経緯があったからで，提案された新型SN比は従来型SN比の問題点を一挙に解決していると感じたのである．発表後の会場の片隅で，筆者は鶴田氏に「私はエネルギー比型SN比の良さを評価しています．だから，すぐに理解されなかったことに落胆する必要はありません．理論面，実績面の両方で時間をかけて検証していけば少しずつ受け入れられるでしょう」と話した記憶がある．その後，エネルギー比型SN比の使用実績は増えていったが，学会内部では上記のようにほとんど議論されなかったことから，筆者は学会誌『品質工学』，Vol. 19，No. 2，2011，pp. 33–37に「「品質工学で用いるSN比の再検討」に関する議論」という一文を投稿し，「もっと議論しようよ」と呼びかけた経緯がある．

エネルギー比型SN比は使用実績を多く重ねるとともに，理論的な補強も行い，今回いよいよ広く世に問う形として本書となった．最初に述べたように，本書では難解な内容をこれ以上はないというほどわかりやすく解説している．SN比というわけのわからない代物に閉口してきた方，さらにはSN比に関してどんな議論が行われているかを理解したい方には，ぜひとも手にしてほしい好著として強く推薦する．

2016年7月19日

元 富士ゼロックス，品質工学・品質管理コンサルタント

立　林　和　夫

まえがき

設計・開発した技術の出来をたった一つの指標で評価するものさしとして品質工学の「SN 比」がある．本書は，そのような SN 比を理解して業務に活用したいという実務者の方々に向けて書いたものである．また，品質工学の本に記載されている計算式で計算してみたが，何か結果がおかしい，対数の中の値がマイナスになって計算がストップしてしまった，というような疑問やトラブルをお持ちの方，あるいは，品質工学の SN 比を理解するには統計学が必要なので，設計・開発の現場ではレベルが高すぎる，といった印象をお持ちの方にもぜひ本書を活用していただきたい．これから紐解いていくように，品質工学の SN 比はもともと統計学と関係があったけれども，新しい SN 比の計算そのものは四則演算(それとお望みであれば対数)だけで済んでしまう．また，そのような SN 比が従来の問題点の多くを解決し，便利に使えることに気がつくはずである．本書では統計学の立場ではなく，技術的にデータを扱う立場から生まれた，新しい SN 比——これを**エネルギー比型 SN 比**とよぶ——をゼロベースで紹介する．従来型 SN 比の知識は必ずしも必要としない．

技術開発やその技術レベル評価においてエネルギー的な視点は重要である．あらゆる技術はエネルギーの変換や伝達をともなっている．また，公害や地球温暖化をはじめとする環境問題，資源の有効利用や新エネルギー開発においても，エネルギーの計測・評価・効率改善は重要な課題である．エネルギー比型 SN 比は，そのようなエネルギーがどのように使われるのかに立脚した技術的な品質の評価尺度(ものさし)である．ここでいう技術的な品質とは，製品に入力されたエネルギーをより多く，いつでも安定して目的(出力)に使用できるか，ということである．

具体的に太陽光発電システムで考えてみよう．入力した太陽からの光エネルギーを 100 とすれば，たとえばそのうち 80 は反射したり太陽電池セル内で電子と正孔が再結合するなどして，ロスしてしまう．つまり，目的である発電という出力に使われない．発電できた全出力エネルギーは 100－80＝20 となる．20/100＝20% は効率とよばれる指標で，太陽光発電の平均的な性能を示すものである．性能は重要であるが，それだけではない．太陽光発電システムの全出力(発電量)はいつも一定ではなく，気温の違いや太陽電池セルの劣化などによって変動するであろう(たとえば 20 を中心として 15～25 の範囲で)．そこで，平均的な発電量 20 を全出力エネルギーのうちの「欲しい成分」の代表値と考える．一方，出力のばらつき(20 に対して ±5)はお客様にとっては「欲しくない成分」である．この両者を後で述べる方法で分解し，これら「欲しい成分」と「欲しくない成分」の比をとることで SN 比を計算することができる．きわめて簡明であるにもかかわらず，その効用は絶大である．これは第 3 章で紹介する．

さてエネルギー比型 SN 比は，品質工学会の公認地方研究会である関西品質工学研究会の有志研究メンバー(太田勝之氏，清水豊氏，鐵見太郎氏，筆者)によって研究され，2008 年 6 月に発表された新しい SN 比である[1]．この 8 年間，学会関係者や有識者の反応はさまざまであったが，エネルギー比型 SN 比の有効性が論破されたこともなかった．一方で実務家からは便利でわかりやすい SN 比であると好評であった．

本書は，品質工学(特に機能性評価やパラメータ設計)の基礎知識をもっている読者を想定してはいるが，まず品質工学の機能性評価について概説し，そのなかの SN 比の位置づけを解説した．さらに SN 比の定義で重要となる技術的な部分，すなわち機能定義とノイズ因子の定義方法についても簡単に触れた(第 1 章)．この部分が必要なのは，数理や演算のみで SN 比の妥当性を担保することはできず，必ず技術的な検討を必要とするからである．

つぎに，他書ではあまり取り上げられていないエネルギー比型 SN 比の考え方や数理を解説するとともに，理解を助けるための演習問題も紙幅の許す範囲で取り上げた(第 2 章)．

また，従来型 SN 比と比較しながらその問題点をエネルギー比型 SN 比がどのように解決しているかを考察していく(第 3 章)．

本書のところどころに，脚注やアドバンスト・ノートを設けている．とくに，第2章以降では，実務者に必要な知識を超えるものもあるが，SN比の問題や統計学に詳しい方々向けに，理解を深めるために補足したものである．この部分を理解できなくとも，実務上にはまったく支障はないので安心していただきたい．

さらに実務者への利便性を考慮して，SN比のExcel計算ツール(ダウンロード版)を無償提供する．また，著名な統計解析ソフトウェアである日本科学技術研修所が開発・販売しているJUSE-StatWorks/V 5(品質工学編)（以下，StatWorks)を使った計算方法，計算例も合わせて示した(第4章)．執筆時点においてStatWorksはパラメータ設計でエネルギー比型SN比をシームレスに使用できる唯一の解析ソフトウェアであり，こちらもあわせて活用願いたい．

エネルギー比型SN比によって，品質工学活用のハードルが下がり，より多くの技術者の方々に技術的な成果を出していただき，結果的に社会の発展や品質工学の裾野の拡大につながれば，筆者にとって望外の喜びである．

2016年7月

鶴　田　明　三

エネルギー比型 SN 比　目次

第3章 従来の問題点と エネルギー比型SN比による検証　73

第4章 エネルギー比型SN比の計算ツール　115

コーヒーブレイク

第1章

品質工学におけるSN比[2]

1.1　品質工学(機能性評価)のおさらい――効率的な品質評価

数々の例を挙げるまでもなく昨今，わが国の工業製品や建造物などでリコールや安全性の問題をともなう不具合が報じられている．大部分の製造業では日々技術開発にしのぎを削り，品質やコスト，サービスの改善に真摯に取り組んでいるはずである．それでもさまざまな理由で，十分に不具合を予測できずに，使用段階での問題が繰り返し発生している．製品がお客様の手に渡り，使用される段階でのトラブルはどのようにして起こるのか考えてみよう．

一つの例として**図1.1**に示すように，ある資料では製品クレームの85％が

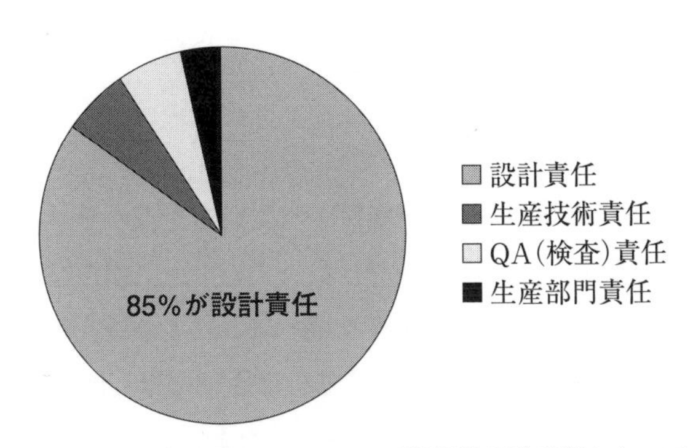

出典）　N-TZD研究会(2003)：「製造業のための「新製品開発段階からの不良ゼロ対策を図るための調査・研究結果」を元に作成．

図1.1　製品クレームの責任分類ごとの割合[3]

設計責任であると報告されている[3]．つまり製造不良などの生産部門の責任や，検査漏れなどの品質保証部門の責任は高々15％ほどだという．このような比率になっている製品の例は多い．一般的に考えてみても，出荷前に顕在化しやすい製造段階の品質問題に比べると，使用段階で発生する問題のほうが見つけにくく，その原因を事前に見つけ出し，根絶することは難しい．つまり，設計・開発段階での仕事の質や，そこにどれだけリソースを投入し，有効な対策を打てたかによって，製品品質の大半が決まることを示しているといえる．

では，設計・開発段階での検討や考え方が十分でなく，間違いがあった場合に，そのチェックや修正はどの段階で行うのが適切であろうか．設計・開発段階で不具合を見つけ出せた場合の対策コストを1とすると，生産開始前に見つけた場合でその10倍，製品出荷前で500倍，市場出荷後では実に1万倍もの修正コストがかかるという調査結果がある[4]．つまり，設計・開発段階での見落としや間違いが市場出荷後まで見つからず，お客様の使用段階で発生してしまった場合，製品全数への対応(交換，修理，保証など)になることが多いため，膨大な対策費用が必要となる．人命にかかわるような製品や，社会システムなどでは，社会に与える損失の大きさを考えると，さらに対策コストが大きくなる．

この調査結果からもわかるように，品質への対応はできるだけ早い段階，できれば設計・開発の初期段階で行っておきたい．そこで大事なことは，いかに設計・開発の初期段階で，品質を**見える化**するかである．この方法論が，品質工学のなかの「機能性評価」である．パラメータ設計も，そのなかに機能性評価を含むため，以降は機能性評価を中心としてその概要を説明していく．

1.1.1 信頼性試験の問題点

設計した製品や購入部品の品質が確保されているか否かを確かめたり調べたりするために，従来から信頼性試験が行われている．信頼性試験のなかでも，ここでは，製品や部品の寿命や故障率を調べるような試験(寿命試験や耐久性試験ともいう)について考える．製品開発を行う際には，製品企画段階で定められた品質の目標(寿命○年，市場故障率○％など)に対して，製品の試作品がその品質目標に適合(合格)しているか否かを信頼性試験で調べる．メーカーではこの試験が，量産移行や製品出荷の関所となっている．また，このような試験が，公的な規格やお客様との契約，カタログへの記載の条件になっていることもある．

筆者はこのような試験の必要性は認めつつも，設計・開発段階で設計の品質をチェックするための方法としては，従来の信頼性試験方法には課題があると考える．以下に信頼性試験における課題を3つの視点で示す．

(1) 複雑さの壁――品質の問題

信頼性試験というと，使用段階の環境を模擬していると思われがちだが，そうではない．信頼性試験は，基本的には単一の劣化要因に対する試験である．たとえば，高温放置試験，ヒートサイクル(温度の上げ下げ)試験，振動試験，……といったように，それぞれ単一の要因についての試験を行い，あらかじめ決めておいた合格の基準値に対する合否を判断する．

ところが，実際に製品を使用するときには，信頼性試験で行っているような単一の要因だけでの環境や使い方というのはあり得ない．**信頼性試験では，非常に複雑な(種類や組合せが多い)環境や使用条件を模擬できていないという課題がある**．信頼性試験に合格して，出荷前の検査も合格したはずの製品が，期待に反して短い使用期間で故障したり性能が低下したりすることがある．したがって，製品の使用段階での品質を確保するためには，使用段階の条件に合うような複雑な条件で製品の品質の「実力」を調べる必要がある．

(2) 数の壁――コストの問題

信頼性試験では，たとえばサンプル数の90%が故障しない年数を寿命としたり，逆に何千時間かの試験時間を設定しておいて，その期間の累積故障率を求めたりして，それらが，あらかじめ設定した寿命や故障率の基準を満足しているか否かを調べる．信頼性試験の方法を含む信頼性工学は，統計学と非常に関係の深い学問である．前述の「90%のサンプルが故障しない」というためには，割合が求まるだけのサンプル数が必要である．また，「試験○時間後の累積故障率が0.1%以下」というような基準の場合は，故障率が求まるようなサンプル数が必要である．仮に90%の正しさで(これを信頼度90%，あるいは危険率10%という)故障率0.1%以下であることを統計的に主張するためには，少なくとも2,300個のサンプルを試験する必要がある．ほとんどの製品では，設計・開発段階でこれだけのサンプルを準備することはできない．**統計学だけに頼ることと，ある基準に合格したか否かという判定方法(0/1判定)では，サンプル数が多くなるという課題がある**．したがって，設計・開発の初期段階というサンプル数を多く準備できない状況では，何らかの工夫をして少ないサンプル数で品質をチェックする方法が必要となる．

(3) 時間の壁――納期の問題

信頼性試験のなかには，数千時間の試験時間を必要とするものも多い．使用段階の実時間(たとえば10年＝87,660時間)に対して，**加速**という試験時間短縮の考え方を使って，何十分の一にも短縮しているにもかかわらずである．上記**(2)**項でも述べたが，信頼性試験で品質を定量化するためには，寿命が来るまで，つまり故障するまでの試験が必要である．時間がかかっても，合格すれば次の開発ステップに進むことができるが，信頼性試験の結果不合格になった場合，もう一度部品の選定をやり直したり，設計を変更したりして，また長時間の試験を実施する必要がある．**設計変更や修正を速く行って，短時間に品質を確保したい設計・開発の現場にとっては，このような時間のかかる試験を設計・開発段階で繰り返し実施することはできない**．したがって，ここでも何らかの工夫をして，短時間の試験で品質をチェックする方法が必要となる．

これらをまとめると，設計・開発の初期段階で用いる品質チェックの方法として，信頼性試験に代わる「**使用段階の条件を模擬した複合的な条件で**」，「**少ないサンプルで**」，「**短時間で**」実施できるような新しい品質のチェック方法が求められている，ということが理解できる．

1.1.2 飛躍的短時間評価法「機能性評価」

出荷後の使用段階でのトラブルを防止したり，設計・開発や製造中の手戻りを減らすためには，設計・開発の初期段階での効率的な品質のチェック方法が必要とされることがわかった．つまり，早く間違いがわかれば早く直せるということである．そこで，信頼性試験に代わる，「使用段階の条件を模擬した複合的な条件で」,「少ないサンプルで」,「短時間で」実施できるような新しい品質の評価方法として**機能性評価**を説明していく.「機能性」とは「機能の安定性」のことである.「機能」が何であるかは**1.2節**にて再度解説する.

機能性評価とは，製品の出荷後，お客様の手に渡って使用される段階での実力を評価する方法である．実験室でのチャンピオンデータや，出荷当時での初期性能だけが良くてもだめで，お客様の使用条件や環境条件がさまざまでも，できるだけ機能(製品の働き)が変化しない，乱れないことが重要である．照明器具であればその明るさが，どのような使用条件，使用環境でも新品と同じようにいつまでも維持される，というような望ましい性質である．このような製品使用段階での実力を「**早く**」(**設計・開発の初期の段階で**)・「**速く**」(**短期間でスピーディに**)**に見える化**したい．これによって，設計に悪いところがあれば，**設計変更の自由度が高く，試作規模や手戻りが小さい段階で直しておく**のである．このような「**短時間での実力の見える化⇒設計改善**」**の小さいサイクルを繰り返す**ことで，自信をもてる設計に近づけていくことを目指す.

1.1.3　機能性評価の手順

機能性評価を行う段階では,「何をつくるべきか(企画，対象)」,「それをどう実現すべきか(システムや技術手段の選択，機能設計)」,「サンプルの準備(試作・シミュレーション)」は一応完了しているものとする．以下に機能性評価の手順を示す.

① 対象(製品，部品)の「働き」である**機能**を定義する．機能は入力と出力の関係で表現するのが基本である.

② その機能の入出力関係が主に製品使用段階で変動する，乱れる，ばらつくような要因，すなわち**ばらつき要因**を多数検討して取り上げる.

③ ばらつき要因のなかから重要な要因として**ノイズ因子**(**誤差因子**)を選択して，その条件の組合せを決める.

④ 組み合わせたノイズ因子の環境や条件のもとで，対象の機能がどれくらい変動するのか，ばらつくのかを観察して**SN比**で定量化して比較する[1]．変動が大きければ，製品使用段階での実力が低いということである.

⑤　必要に応じて，どのノイズ因子に対して特に弱いのかを分析することもある(品質工学では推奨されないことが多いが，原因がわからなければ対策の打ちようがない場合が多い).

⑥　ノイズ因子に対する弱みの対策を講じて，設計を改善する.

このようにして，製品開発後期での製品全体の信頼性試験の段階や，製品の使用段階で起こりうる不具合(実力の低さ)が，設計・開発の早い段階で見える化できるようになる．以下，機能性評価の計画段階で重要な機能定義，ノイズ因子の抽出について概説する.

1.2　機能定義

機能とはモノ[2]に備わっている「働き」のことである．電球には周りを明るく照らすという働きがあり，自動車には走る・曲がる・止まるといった複数の働きがある．モノに備わる働きとは，お客様の「何をしてほしいか」,「どうなってほしいか」という願望やニーズを反映したものである．そのような願望やニーズが先にあって(あるいは製品の企画者がそれを先取りして)，それらを満たすために開発・発売されたものがモノである．つまり**機能とは，製品やサービスが具現化する前のお客様の願望やニーズ**を表すものといってもよい．したがって，モノをスタートとして機能を考える必要はない.

さて機能定義では，機能の出力がお客様の願望やニーズであるとすると，**その出力を引き出すための入力が何かあるのではないか**と考える．照明器具は，ふつうは電力を供給して光るので，お客様が明るさを変えたい場合は，入力の供給電力を変化させる(実際は明るさを調整できるつまみを操作することで照明回路の電気抵抗を変化させ，供給する電力を変化させている).

このような**入力と出力の関係**を機能性評価(品質工学)では，**機能**とよんでい

---

1)　機能性評価では一つの設計条件のSN比だけで議論することは少なく，比較対象とSN比を**相対比較**することがほとんどである．比較対象としては，実績のある従来自社品や，市場で評判の良い他社品などを目的に応じて取り上げる．技術者が設計した設計条件どうしを比較することもある．これを直交表を用いて網羅的・体系的な比較を実施するのがパラメータ設計である.

2)　モノだけでなくサービスにも機能があるが，本書では主にモノの機能を扱う.

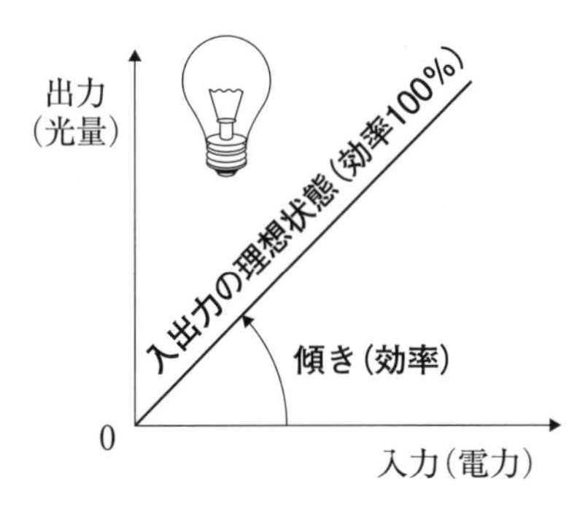

図 1.2　照明(電球)の機能と理想状態

る．

機能性評価における機能の定義では，もう一つ考えておくべきことがある．それは定義した「入力と出力の関係」が，どのようになっていれば理想的かという**理想状態**を考えることである．理想状態は仮想的なもので，実製品で実現させる目標とは異なる．電力を用いる照明器具では，入力(電力)と出力(光量)の関係は，まったくロスがなく効率 100% というのが理想である．それを図示すると，**図 1.2** のようになる．すなわち**入力と出力は(単位が同じなら)傾き 1 の比例直線**になる．これが照明器具の機能の理想状態である．このような入出力の関係と，その理想状態を定義することを「機能定義」という．

機能はお客様が欲しいと思っているものなので，機能を理想状態に近づけて，ばらつきや変動も小さくするような設計にすることが，お客様のニーズを満たすことにつながる．

アドバンスト・ノート 1　機能定義のガイドライン

実際に，自分の業務で機能を考えることはなかなか厄介である．公知の事例でも，機能定義がうまくできずに品質特性になっていたり，機能定義がまずいために，品質工学(機能性評価)の恩恵である評価の効率化などの点でうまくいっていないものも多い．そこで，このアドバンスト・ノートでは，どのように機能を考えればよいのかのガイドラインを示す．

品質工学(機能性評価)における機能の表現は，以下の文章に当てはめて考えるとよい．

【① 対象：　　　　　　　】の機能は，
お客様が意図した【② 入力：　　　　　　】に応じて，
お客様が欲しい【③ 出力：　　　　　　】を得る．

この短い文章のなかに非常に重要なポイントが2つある．まず，① 対象については，評価対象の製品やシステム，部品の名称を記載する．

つぎに，③ 出力を先に考える．これは**お客様が欲しい出力**である．対象となる製品やシステムにおいて，お客様はどのような出力が欲しいのかをまず考える．ここで，機能のメカニズムは必ずしも考えなくてよいし，必ずしもエネルギーにこだわる必要はない．照明器具の例では，明るくするための光量や輝度が欲しいのである．大切なことは，副作用や欲しくないものを出力にしないことである．照明器具の例では，副作用である発熱や不要な電磁波などを出力にとらないということである．

つぎに，② 入力を考える．お客様が欲しいと思っている出力を得るためには，お客様は何か行動を起こす必要がある．車のハンドル(ステアリング)を回さなければ車は曲がらないし，あらゆる電化製品は電力を供給しなければ所望の動作は得られない．そのような**お客様の欲しい出力を変えられるような入力**を考える．このような入力のことを**信号**(Signal)ともいう．信号も必ずしもエネルギーである必要はない．車のハンドルの回転角はエネルギーではなく，使用するお客様の指令値(情報)である．

間違えやすいのは，製品内部の材料定数(フィラメントの電気抵抗やガラスの光透過率など)や部品寸法などである．これらの値が変わっても出力に影響するが，これは設計者が意図して変えるものか，あるいは使用時に意図せずに変わってしまうものである．前者は制御因子(設計パラメータ)，後者はノイズ因子の一つであり，お客様が意図した入力(信号)ではないということである．

これらをまとめると，**図 1.3** のようになる．

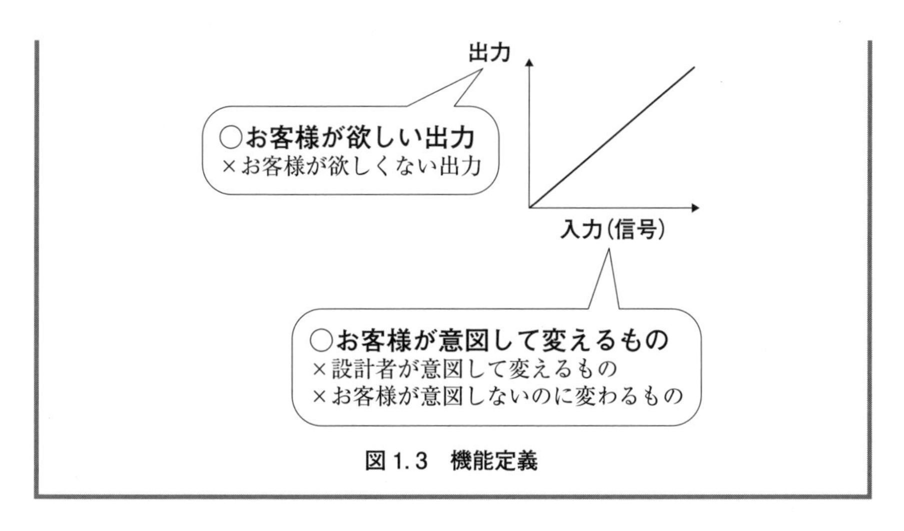

図 1.3　機能定義

1.3　ノイズ因子の抽出と選択

1.2 節で定義した製品の機能は，製品出荷時と同じようにいつまでも，どんな環境でも変化なく働くことが望まれる．しかし，実際は使用しているうちにいろいろなところが劣化して，入出力の効率が低下したり，ばらついたりする．また，使用する温度などの環境条件によっても入出力の関係は変化する．これによって，お客様は不満をもち，クレームをつけたり，異なるメーカーに乗り換えたりする．

そうならないためには，部品や材料の劣化や，温度などの使用環境に対して，安定で影響を受けにくい設計をしなければならない．そのような設計になっているか否かは，お客様の使用条件や使用環境をよく考えて，それを機能性評価の条件のなかに取り込んだかにかかっている．さまざまな使用条件や使用環境のことを，機能をばらつかせる要因という意味で総称して**ばらつき要因**とよぶ．そのような多数のばらつき要因のなかから，重要なものを選んでそれらを機能性評価の条件に組み入れる．このような特に機能性評価に選ばれたばらつき要因を**ノイズ因子**(または**誤差因子**)という．

機能性評価では，信頼性試験では行わなかったような「複合的な条件」で評価を行う．どのようにばらつき要因をたくさん抽出し，そのなかからどのよう

表 1.1　ばらつき要因例の外乱・内乱分類

分類1	分類2	ばらつき要因の例
外乱	環境条件	• 温度(保管温度，使用時の環境温度，自己発熱による温度上昇，温度サイクル，高温または低温環境放置) • 湿度(使用時の環境湿度，湿度サイクル，高湿または低湿環境放置，結露) • 機械的ストレス(振動・衝撃・圧縮・引張・曲げ・荷重・せん断，加速度) • 空気質(揮発性有機物質(VOC)，オゾン，塩害，カビ，ウイルス，微生物) • 光・電磁ストレス(紫外線，赤外線，電磁波，放射線，サージ，過電圧，過電流，放電(コロナ，アーク)，トラッキング，雑音) • 化学的ストレス(薬品，油，グリース，アウトガス，フラックス，水質，スケール，塩分，腐食ガス，酸化ガス) • 天候(雨，雪，ひょう，強風，酸性雨，雷，気圧) • 異物(塵埃，虫，小動物，導電性異物，絶縁性異物) • インターフェース(路面の摩擦係数：自動車の場合) • 外部システムの影響(入力エネルギー変動，負荷変動) • 上記ストレスのモード(静的，動的，繰り返し頻度・回数など)
	使用条件	• 使用頻度(連続動作，間欠動作，めったに使用しない) • 据え付け方向(垂直，水平など) • ユーザーの属性(性別，体重，熟練度など) • 運転条件(定格条件，短時間高負荷条件など)
内乱	変動や劣化	• 空間的変化(寸法の変化，位置の変化，ギャップの変化) • 特性的変化(ヤング率，硬度，強度，電気抵抗，静電容量，増幅度，原点位置，絶縁性，反射率，透過率，屈折率，気密性などの変化) • 致命的現象(短絡，停止，発火，共振などの非連続な変化) • 上記の引き金となる現象(腐食，酸化，摩耗，ねじのゆるみ，ガタ，クリープ，マイグレーション，チャタリング，フレッティングなど) ※これらは順次，玉突き現象を起こす． (例：腐食→ねじのゆるみ→ギャップの変化→気密性の変化)
	製造ばらつき	• 個体ばらつき，ロット間ばらつき • 寸法ばらつき，材料物性ばらつき • 個体内のばらつき(面内ばらつき，凹凸，反り，まだらなど) • 作業ばらつき(組立ばらつき，加工ばらつき) • 購入品の特性ばらつき(寸法，物性など)

にノイズ因子を選ぶのか，その条件の厳しさはどうするのか，どのように組み合わせるのか等々の実務的な検討が必要となるが，その方法については本書の範囲を超えるため割愛する．**表1.1**に代表的なばらつき要因の例を示すので，これを参考に，対象製品に関するノイズ因子について議論を深めるとよい．なお，外乱と内乱については，**アドバンスト・ノート2**で説明する．

ここまでで機能定義とノイズ因子について概説したが，機能性評価では一貫して**お客様の立場**で評価していることがわかる．お客様が欲しいと思う出力と，それをお客様がコントロール可能な入力との組合せで機能とその理想状態を考え，またお客様の使用条件，使用環境といったノイズ因子でその機能がどの程度安定しているのかを評価する．規格やルールにもとづいた「試験」ではなく，お客様が実際に使用したときにどれくらい満足してもらえるかという「評価」を行うのである．これは機能性評価における大事な視点である．

アドバンスト・ノート2　ノイズ因子抽出のガイドライン

ばらつき要因を考える際に，**外乱**と**内乱**という区別を知っておくと便利である．

外乱とは製品の外側からくるばらつき要因のことで，①環境条件や②使用条件であり，機能を乱れさせる，ばらつかせる「大本の原因」となるものである．**表1.1**で示したとおり，①**環境条件**の例としては，環境温度の違い(いわゆる温度特性)，環境湿度の違い，振動や衝撃，腐食性のガスの存在などがある．自動車のように路面との接触を考えた場合に，路面の摩擦係数の違い(ドライなのかウエットなのか)も自動車の外部の要因ということで外乱に分類できる．

また，②**使用条件**は対象製品によってさまざまであるが，自動車の場合の例では，渋滞が多い街中での走行なのか空いている高速道路での走行なのか，毎日乗るのか週末にしか乗らないのか，同乗者は助手席に乗っているのか後部座席に乗っているのか，エアコンやライトを使用しているのかなどが挙げられる．外乱は，その製品を使用するシーンをできるだけたくさん想定して，さらにはお客様が実際に使用するところを観察して，たくさんのばらつき要因を挙げるようにすることが大切である．

つぎに内乱について説明する．**内乱とは製品が外乱にさらされることによって，製品の内部で起きる変化のこと**である．外乱を原因とすれば，内乱はそれによって起きた製品内部の結果である(機能の出力の変化・変動ではない)．たとえば，外乱である環境温度が高温の場合は，製品内部の部品は膨張して寸法が変化したり，硬度が下がったりする．また，電気回路の場合は抵抗素子の抵抗値が大きくなる．このような寸法，硬度などの物性値，素子の特性などの変化を内乱という．内乱を考える際には，必ずしも外乱から考える必要はない．製品内部の材料や部品の寸法や特性が，どのような変化をする可能性があるかを考えていけばよい．FMEA(故障モードと影響解析)の故障モード列挙の要領とも類似している．

内乱が発生することで，機能の出力が望ましくないほうに変化する場合，**劣化**という現象が発生する．内乱が発生しても，製品の機能には悪影響が起こらないような設計(ロバスト設計)にしておければ，丈夫で長持ち，どんな条件でも安定して使用することができる．

外乱，内乱とも，ばらつき要因を列挙する際には，基本的にはお客様が使用する段階での要因を取り上げる．しかし，機能性評価の目的によっては，**製造ばらつき**(製品個々が新品状態でもっているばらつき，購入部品のばらつき)も要因として取り上げたい場合もある．製造ばらつきに対して機能が安定している製品は，新品の製品の特性が均一であるため，製造工程内の不良品(不適合品)が少なくなることが期待できる．なお，製造ばらつきは，製品内部に個々がもっているものであるため，内乱に分類される．

実際にばらつき要因を考えて列挙する際には，外乱(環境条件)，外乱(使用条件)，内乱(変動や劣化)，内乱(製造ばらつき)の4つに分けて**特性要因図**で整理するとよい．特性要因図を見ながら多くの人の意見を出し合うと，知識が共有されるだけでなく，抜けや漏れに気がつきやすくなる．「それがあるならこういう条件もあるだろう」，「その外乱を考えるなら，こういう内乱が発生するだろう」というように，芋づる式に要因を洗い出せることが期待できる．

1.4　SN 比とは何か

ここでは，機能性評価における **SN 比**について概説する．機能性評価の実験の計画は，前述の機能定義とノイズ因子の選択でほぼ完了している．SN 比はそれらの計画にもとづいて機能性評価を行い，データが得られた結果，どのように「安定性」を定量化するのかという問題を扱う．つまり，**SN 比とは機能の安定性を測る尺度(ものさし)**である．ただし，**SN 比が意味のある値となるか否かは，機能とノイズ因子の検討にかかっている**というのが重要な点である．間違ったデータからは間違った SN 比しか得られないのである(“Garbage in, Garbage out”，すなわち「ごみを入れても，ごみしか出てこない」)．

SN 比の計算そのものは Excel などの表計算ソフトを使用すればよいのだから，実務家にとって大切なのは計算に用いるデータである．

ここでは SN 比が何を評価しているかだけを理解しておこう．**図 1.4** は，機能の入出力の定義に対して，2 条件のノイズ因子条件(イメージとしては，新品と劣化後と考えればよい)のデータが得られた状態を示している．

この例では，ノイズ因子条件 N_1(新品)，N_2(劣化)によって，出力の大きさ(傾き)が異なっている．また，理想的には入出力は比例直線になってほしいところが，実際には曲がりの成分や，$y = \beta_{N1}M$，$y = \beta_{N2}M$ からのばらつきの成分(まとめて**非線形成分**)も発生している状態である．

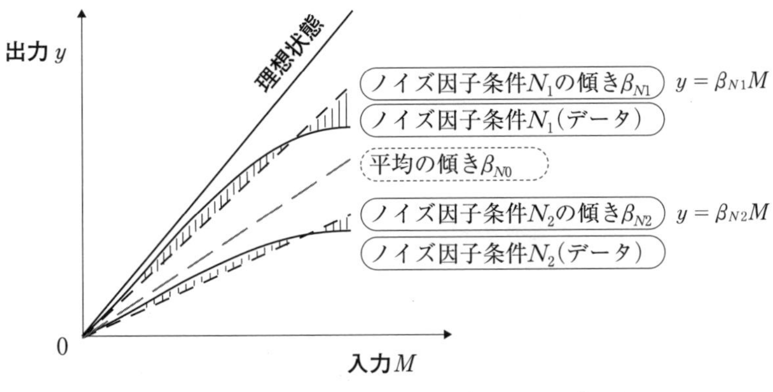

図 1.4　ノイズ因子によってばらついたデータ

さて，縦軸は機能の出力で，お客様が欲しいものであった．つまり，入出力の傾きβ(変換効率)は大きいほうが望ましい．いま，評価では条件N_1とN_2での傾きβ_{N1}，β_{N2}が得られているので，この**平均の傾き**$\boldsymbol{\beta_{N0}}$に相当する成分を平均的な出力の大きさと考えて，欲しい成分(有効成分A)と考える(**図1.5**上中央).

つぎに，お客様の欲しくない成分について考える．一つは，**積極的に与えたノイズ因子条件**$\boldsymbol{N_1}$**と**$\boldsymbol{N_2}$**の間のばらつき**(差)である．使用条件，環境条件といったノイズ因子の条件によって，出力が変わってほしくない．これが欲しくない成分(有害成分B)の一つ目である(**図1.5**左下)．二つ目は，本来線形になってほしいのに，そうなっていない**非線形な成分**である(**図1.5**右下)．これが大きいほど欲しくない成分(有害成分C)は増す.

まとめると，増えると望ましいのは平均的な傾きの大きさである「有効成分A」であり，増えると望ましくない，減ってほしい成分は，ノイズ因子の条件間の差である「有害成分B」と，非線形な成分である「有害成分C」である.

SN比とは，これらの有効成分と有害成分の比をとったものである[3)]．すな

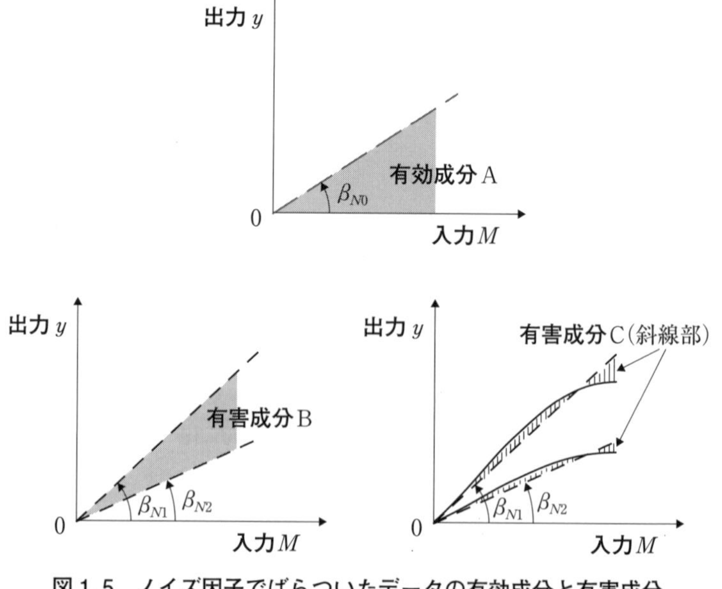

図1.5　ノイズ因子でばらついたデータの有効成分と有害成分

わち，

$$\text{SN 比} = \frac{(\text{有効成分 A})}{(\text{有害成分 B}) + (\text{有害成分 C})}$$

分子が大きいほど良く，分母が小さいほど良いので，SN 比全体では，大きいほど良い尺度になっている．つまり，機能性評価を行って**SN 比が大きくなるような設計を目指していけばよい**のである．

機能の入力のことを**信号**(Signal)ともいう．有効成分というのは，信号に対して出力が期待どおり応答した成分である. 一方, 有害成分は**ノイズ因子**(Noise Factor)による影響の成分である．この Signal と Noise の頭文字をとって，これらの影響の比を SN 比という．SN 比の数理や計算方法については**第 2 章**以降で詳説する．

3)　従来の品質工学における SN 比の説明方法とは異なる．従来は，品質工学(機能性評価)を計測法の一種と捉え，校正後の誤差の大きさの逆数を SN 比と定義した．この捉え方の違いは学術的にはデリケートな問題であるが，実務的には**第 3 章**に示すような，従来型の SN 比と本書で紹介するエネルギー比型 SN 比の違いとなって現れる．

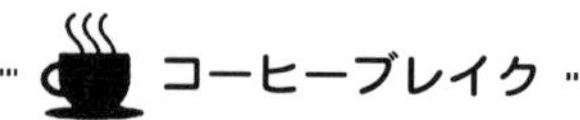

世界は２乗でできている——πのおはなし３話

品質工学は SN 比をはじめ２乗の話がよく出てくる．『世界は２乗でできている』(小島寛之著，講談社ブルーバックス)という面白い本がある．いかに科学や数学の世界というものが２乗でできており，それによって世界をうまく説明できることが示されている．そのなかで驚くべき話を一つ．

２乗数(1，2，4，9，16，…)の逆数を足していくと，その極限 X はどうなるかという問題である．オイラーは電卓もない時代に，$X=1.644934\cdots$ であることを突き止めた．これはなんと，$\pi^2/6$ に収束するのである．２乗数と円周率がこのような簡単な数式でつながっているのは興味深い．

円周率の話でいえば，円周率の０から９の数字を音階に対応させた美しい音楽がある(Youtube で探してみよう)．ほぼ乱数に見える円周率がこのような心を打つメロディーで表せるのはまた驚きである．

また，「π(パイ)」という名前の赤ワインがある．紙のラベルがなく，ボトルに直接円周率がびっしりと印刷されており，「π」の文字を象った部分の数字だけが赤になっている．このワインの名称は，原料の葡萄が面積 3.14159 ha の畑から採れたことに由来する．理系心をくすぐる，味も相当よいワインだ．

第2章 エネルギーをベースとしたエネルギー比型SN比

2.1 機能を考える利点

第1章では品質工学による SN 比の役割や，その計算のプロセスに入る前の機能とノイズ因子の考察が重要であることを述べた．そこで本節では技術的本質である機能を定義し，それを用いる利点について述べる．ただし，**機能の定義では，出力をお客様が欲する出力特性，入力をお客様が出力をコントロールできる信号と考える**ことが前提である．

入力と出力があるような**動特性**で機能を考える利点として，以下が挙げられる．

① 一つの機能で性能やさまざまな弊害項目(副作用)を評価できる．

② お客様の広い使用範囲で評価できる．

③ 出力の変化が大きく，また早く現れやすく，評価の短時間化できる．

そのなかでもエネルギー相当[4]の入出力関係を基本とする機能を使用する利点として，さらに以下が挙げられる．

④ 2乗和(有効成分と有害成分)の分解が数学的に成立するだけでなく，エネルギーの和として示せることで，物理的・技術的にも整合性が得ら

---

4) ここでいう「エネルギー」とは単にジュール(J)単位の物理量だけを指すのではなく，電力，熱量，力，仕事，光量などの物理的加法性のある量を指しているため，ここでは「エネルギー相当」とした．以下，機能定義や SN 比の計算の文脈ではこれらを総称してエネルギーという．

れる．

⑤　加法性の成立しやすい物理量を使用することは，**再現性**を重視するパラメータ設計において重要な土台となる．

⑥　出力 y の2乗がエネルギー相当となっていることで，目標値 m_0 からの y のずれ $y-m_0$ の2乗が損失金額に比例するモデル（損失関数）との整合性が得られる．

以上のように，品質工学では機能，特にエネルギー変換を基本とする機能を定義し，その安定性を迅速に評価することが重要である．これにより，技術開発の短期化や，未然防止による手戻り防止，良好な市場品質が確保される．

以下，これらの利点について説明する．

①　一つの機能で性能やさまざまな弊害項目（副作用）を評価できる

機能の定義では，出力をお客様が欲する出力特性，入力をお客様が出力をコントロールできる信号と考える．そのような「入力と出力の関係」のお客様にとってのあるべき姿を**理想状態**とよぶ．たとえば電力を用いるモーターの例では，入力（電力）と出力（回転エネルギー）の関係は，まったくロスがなく効率100%というのが理想である（**図2.1**の Ⓐ）．

このような入出力の関係と，その理想状態を定義することを機能定義という．

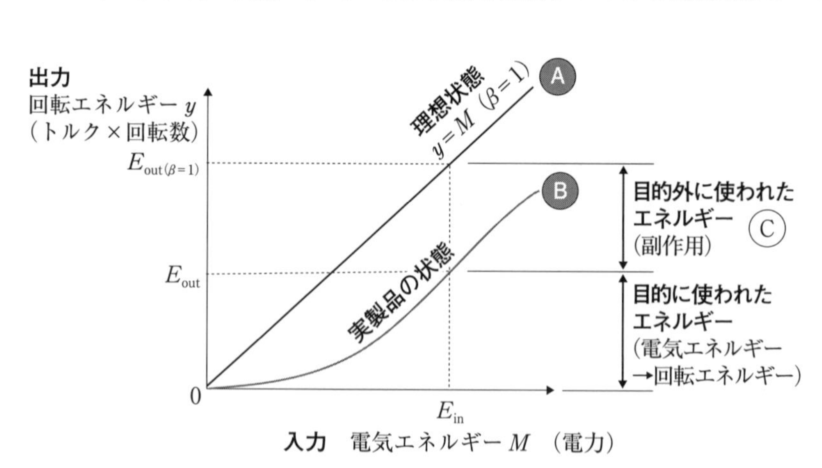

注）Ⓐ：理想状態，Ⓑ：実際の出力，Ⓒ：弊害項目に使用されたエネルギー．

図2.1　モーターの機能

機能を理想状態に近づけて(実際には理想状態との一致はありえない)，ばらつきや変動も小さくするような設計にすることが，お客様のニーズを満たすことにつながる．実製品の状態(**図 2.1** の Ⓑ)と，理想状態との差は何らかのエネルギーロスと考えられる．すなわち，機能が目的とした出力以外に消費されているエネルギーである．たとえばモーターでは，動力出力に使用されなかったエネルギーは，機械損(振動，騒音，摩耗)，鉄損，銅損などの目的外の弊害項目(副作用)に使用される(**図 2.1** の Ⓒ)．機能の理想状態を定義してそれを評価するということは，どれくらい目的が達成できているかの評価，裏返せば，多数ある弊害項目の総合評価を行っているということである．機能による総合評価の考え方によって，技術の評価や改善の効率化に大きく寄与する．

②　お客様の広い使用範囲で評価できる

機能の表現は，入力と出力の理想状態を定義した関数関係になっており，入力である信号はお客様の意図や指令である．そのため，機能やそのばらつきを動特性で評価するということは，お客様のさまざまな入力条件における総合評価を行っているということである．これは品質特性(入力や計測条件を固定した特性値．モーターの場合定格トルク，定格消費電力など)を評価するのとは大きく異なる．お客様の広い使用範囲での評価を行うことは，見落としのない網羅的な評価を行うための必要条件である．

③　出力の変化が大きく，また早く現れやすく，評価の短時間化できる

機能の定義ではアナログな特性値(連続量)を用いることを推奨している[5)]．連続量を計測することで，正常／異常や稼働／故障といった，0 か 1 かの判定ではなく，定量的な差として変化を認識することができる．故障という現象によって差を確認するには数千時間かかっていたが，機能を計測することで短時間のうちに差が見えるようになる．これは機能性評価が相対比較であるということとも関係する．連続量の変化の相対比較を行うことは，短時間で機能性評

5)　計測を連続的に行うという意味ではない．たとえば電圧は連続的な特性値であるが，これを入力信号とする場合は，水準を定めて離散的な値とする．入力信号に対する出力も離散的になる．

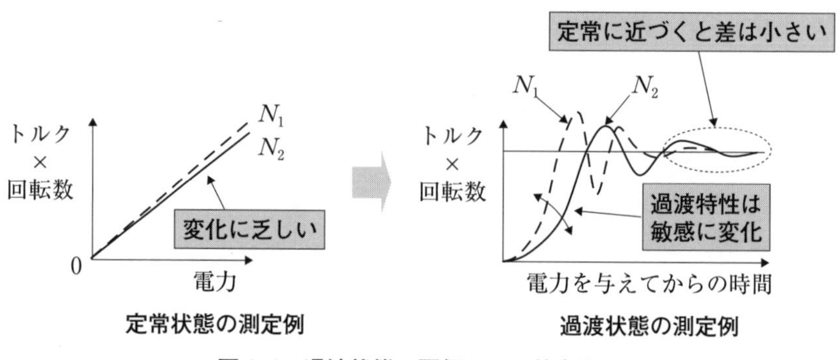

図 2.2　過渡状態の評価でより効率的に

価を可能とする必要条件である.

また, 入力信号を変化させた場合に, ふつうは十分に計測値が落ち着いた定常状態でデータをとることが多いが, これでは十分にノイズ因子条件間の差が顕在化しない場合もある(**図 2.2** の左). そこで, 入力信号を急変させたときの出力の過渡状態を計測することで, 非常に変化の大きいデータをとることができる(**図 2.2** の右). 過渡状態は非常に敏感で不安定であるため, 変化や差が現れやすい. このことは, 評価の短時間化に寄与する. 過渡状態のような非線形な特性のSN比については, **2.5.3** 項の「非線形の標準SN比」のところで述べる.

④　2乗和(有効成分と有害成分)の分解が数学的に成立するだけでなく, エネルギーの和として示せることで, 物理的・技術的にも整合性が得られる

SN比の計算は得られたデータの2乗和の分解の数理で成り立っている. 2乗和の分解は数学的に成り立つものである. しかし, この分解結果は物理的に, 技術的な妥当性を担保するものではない. そこでデータの2乗がエネルギーになるように機能の出力 y をとれば(すなわち, エネルギーの平方根を出力 y にとれば), 2乗の成分や2乗和はエネルギーの次元をもつことになる. エネルギーには加法性や保存性があるため, 2乗がエネルギーになっていれば, 2乗和の分解はエネルギーの分解の意味をもつことになり, 数学的な分解が物理的・技術的な意味をもつことになる. このことは, 2乗和の成分の比であるSN比が物理的・技術的意味をもつことにつながる[6].

⑤ 加法性の成立しやすい物理量を使用することは，再現性を重視するパラメータ設計において重要な土台となる

パラメータ設計において，直交表を用いて得られたある推定結果(SN 比の利得)が，その条件でもう一度実験を行った実際の結果と一致する程度を再現性という．パラメータ設計では研究開発の効率上，再現性が重視されており[7)]，特性値(パラメータ設計では SN 比)に加法性が必要である．そのためには，エネルギーのような加法性の高い物理量(機能)を用いて SN 比を評価することが重要と考えられている[7] [8)]．

⑥ 出力 y の 2 乗がエネルギー相当となっていることで，目標値 m_0 からの y のずれ $y-m_0$ の 2 乗が損失金額に比例するモデル(損失関数)との整合性が得られる

品質工学では機能のばらつきによる損失は，特性値(機能の出力)y の目標値 m からのずれの大きさ $\Delta y=y-m_0$ の 2 乗 Δy^2 に比例するとしている(損失関数)[9)]損失に比例する量としてはエネルギーが考えられるため，特性値 y や目標値からのずれ Δy をエネルギーの平方根にしておけば，Δy^2 がエネルギーに比例することになり，これが損失に比例するため整合がとれることになる．

---

6) 以上は理論的には成立すると考えられるが，公知の品質工学の事例ではエネルギーの特性値の平方根をとっていないものも多い．実際には平方根をとらなくても，機能性の比較には大きな影響がなかったり，再現性が得られている事例も多い．田口玄一は「平方根のデータを使うのは，消費電力が 2 乗のオーダーであり，それを 2 乗するのは意味がない」[5]とする一方，「2 乗がエネルギーになるかどうか不明のことが多いので，直交表で効果の加法性をチェックする」[6]とも述べている．特性値をエネルギーの平方根にするかどうかは，計算の問題だけなので，両方の場合で計算・比較してみるのがよいだろう．

7) 再現性が悪いということは，最適条件が実際に得られないということだけでなく，いくらかの利得があったとしてもパラメータ設計で用いていない制御因子(設計パラメータ)の影響を受けやすいということで，開発の後期に手戻りが発生するリスクが高いことを示している．

8) この考え方には筆者(鶴田)はやや懐疑的である．エネルギーに加法性があることや前項 ④ のような 2 乗和の分解が妥当になることは認めても，β^2/σ^2 という複雑な統計量が加法性をもつか否かは一般には不明である．SN 比が加法性を担保しているのは，少なくとも対数をとっているためであろう．利得の加法性がどのようなときに成立するかは難しい問題である．やはり実務的には直交表による再現性のテスト(パラメータ設計)を行うのが最良の戦略である．

2.2　有効エネルギーと有害エネルギー

機能定義のパターンの一つとしてエネルギー変換を示したが，以下の議論では，SN比の計算における「エネルギー」とは単に機能の出力 y の2乗に相当する量を示すこととする．入出力がエネルギー的なものであっても，そうでなくても，SN比の計算方法を区別しない．

あるシステム(製品でもモジュールでも部品でもよい)に，100のエネルギーを投入して，平均70の出力が得られ，ノイズ因子条件によって±10の出力のばらつきが得られたとしよう(**図2.3**)．

このとき，100にあたる成分を「全入力エネルギー」，70の出力にあたる成分を有効エネルギー(平均の傾きの変動)ということにする．ロスした30の部分は副作用(振動や発熱など)に使用され，お客様に迷惑がかかる．これを「ロ

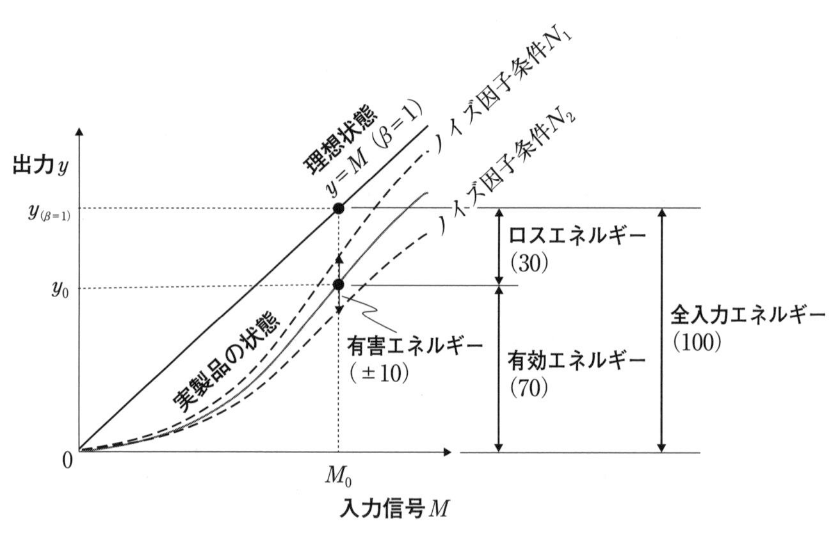

図2.3　全入力エネルギーの分解

---

9)　損失 $L(\Delta y)$ が Δy の2乗に比例するモデルは，y の2乗和の分解(2次形式)とは直接関係ない．また，損失が Δy の2次関数になる技術的・経済的根拠もない．2次関数になるのは損失関数を導く過程で，テイラー展開(多項式による近似)と高次項の省略を行ったためである(平たくいえば，$L(m_0)=0$，$L'(m_0)=0$ の制約条件のもとで一番簡単な関数に当てはめたにすぎない)．極端な話，損失関数をフーリエ級数で近似していたならば，損失関数は三角関数で表すこともできたのである．テイラー展開を用いたのは，エネルギーである Δy^2 と損失を結びつけるという意図が先にあったためであろう．

スエネルギー」ということにする．また，出力のばらつき±10についてもこの変動は望ましくないのだから，同様にお客様に迷惑がかかる．これを有害エネルギー(ノイズ因子による傾きの変動)ということにする．

ここで2種類の「迷惑」が出てきたが，前者のロスエネルギーは有効エネルギーの裏返しで，製品がどれだけの性能をもっているのかに関係する．これはカタログスペックや製品の使用などによって，購入前にお客様が知ることができるものである．すなわち，ロスエネルギーの30の部分は重要ではあるが，クレームとは関係がない迷惑である．電球の効率(消費電力)や，自動車のエンジンの効率(燃費)は事前にわかったうえで，納得した価格を支払って購入しているからである．ましてや効率が100％でないからといってクレームをつけるお客様はいない．一方，有害エネルギーのほうは，長期間またはいろいろな条件で使ってみないとその大きさがわからないものである．また，お客様は暗黙のうちに，有害エネルギーはゼロに近いほうがよいと感じている．有害エネルギーが大きい場合，これはお客様の使用条件や使用環境によって，出力がばらついたり，所望の出力が得られないことを表すため，クレームにつながる迷惑である．

技術や製品の評価に用いるSN比とは，お客様の立場の品質であることから，製品の新品状態，標準的な(室温で振動も腐食性ガスもないといったような)使用条件で期待される平均的な出力(有効エネルギー)に対して，実際に使用された場合のばらつき(有害エネルギー)を評価する．有効エネルギーは大きいほどよく，有害エネルギーは小さいほどよいので，SN比は定性的には以下のように表される．式の形を見てわかるとおり，SN比は大きいほど良い，という尺度になっている．このようなエネルギー(2乗和)の比をベースとしたSN比を**エネルギー比型SN比**とよんでいる．

$$\text{エネルギー比型 SN 比} = \frac{\text{有効エネルギー成分}}{\text{有害エネルギー成分}}$$

この式にはロスエネルギーは出てこないが，「有効成分が大きいほど良い」という考え方のなかに含まれている[10]．

ここでは説明を簡易にするために，ある入力条件 M_0 における出力のエネルギーの分配で説明したが，**図2.3**からもわかるとおり，入力信号水準によって，有効エネルギー，有害エネルギーの分配が変化する．この場合に信号入力範囲全体でどのようにSN比を評価するのか，その具体的計算方法を次節で述べる．

2.3　2乗和の分解の基礎――直交データ，不揃い，標示因子がある場合

2.3.1　2乗和の分解の基本

機能性評価によって得られたデータからどのようにして有効エネルギー成分と有害エネルギー成分を求めるのかを「2乗和の分解」という考え方で説明する．そのためには，まず2乗和の分解について理解する必要がある．

ある2次元のベクトル $\boldsymbol{v}$ は任意の直交する基底ベクトル $\boldsymbol{e}_1$，$\boldsymbol{e}_2$(直交する x 軸，y 軸の長さ1のベクトル)に分解することができる．

$$\boldsymbol{v}=a\boldsymbol{e}_1+b\boldsymbol{e}_2 \tag{2.1}$$

$$\text{ここに，}\boldsymbol{e}_1\cdot\boldsymbol{e}_2=0 \tag{2.2}$$

$$|\boldsymbol{e}_1|=|\boldsymbol{e}_2|=1 \tag{2.3}$$

$\boldsymbol{v}$ の基底ベクトルの成分を $(a,\ b)$，$\boldsymbol{v}$ のノルム(ベクトルの長さ)を $|\boldsymbol{v}|$ とすると，次式の関係がある(**図2.4**)．

$$|\boldsymbol{v}|^2=a^2+b^2 \tag{2.4}$$

これはピタゴラスの定理であり，任意の d 次元のベクトル $\boldsymbol{v}$ のノルムの2乗を，直交する d 個の2乗成分に分解することができる．

SN比の計算における2乗和の分解は，計測した全データそれぞれの2乗の和 S_T(全変動成分[11]という)を，有効成分 S_β(**静特性**の場合 S_m)と有害成分 S_N に分解するのが基本である．S は2乗和(Sum of Square)を表す記号であり，機能の出力 y の2乗の次元(単位)をもっている．

---

10)　エネルギーでない機能の場合は，感度(入出力の変換係数)は任意で容易に調整可能という前提があるため，全入力エネルギーやロスエネルギーという考え方はないが，数理的には同じである．

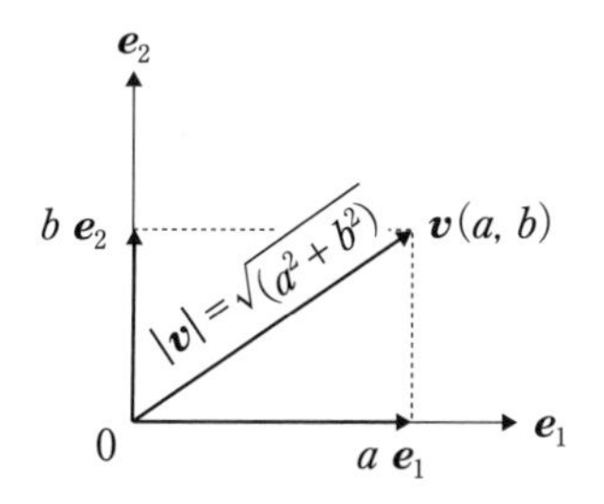

図 2.4　ベクトルの分解(ピタゴラスの定理)

最も簡単な場合として，静特性(入力信号を定義しない，すなわち水準固定の場合)を考える．ノイズ因子水準 N_1，N_2 条件における出力は2つだけで，$y_1 = 55$，$y_2 = 45$(平均の出力 $y_0 = 50$)とする．この2つのデータより，全変動成分 S_T，有効成分 S_m，有害成分 S_N を求める．

全変動成分 S_T は，計測されたデータそれぞれの2乗の和である．

$$S_T = y_1^2 + y_2^2 = 55^2 + 45^2 = 5\,050 \tag{2.5}$$

SN 比における有効成分とは，出力が大きいことを示すため，平均値の大きさの出力を計算すればよい．データは2つであるので，平均値 $y_0 = 50$ の2乗を2つ足し合わせると，全データの有効成分 S_m になる．

$$S_m = y_0^2 + y_0^2 = 50^2 + 50^2 = 5\,000 \tag{2.6}$$

有害成分 S_N は，平均値 y_0 からの変動(差)の成分の2乗和として以下のように求められる．

$$\begin{aligned} S_N &= (y_1 - y_0)^2 + (y_2 - y_0)^2 \\ &= (55-50)^2 + (45-50)^2 = 5^2 + (-5)^2 = 50 \end{aligned} \tag{2.7}$$

上記の例では全変動成分に含まれるのは，有効成分と有害成分しかないので，有害成分 S_N は全変動成分 S_T から有効成分 S_m を引くことでも求められ，式(2.7)と一致する．

11)　これは **2.2 節**で説明した「全入力エネルギー」とは異なる．全変動成分は実際に出力として計測されたデータの2乗成分であり，その内訳は，① 全入力エネルギーからロスエネルギー分を引いた有効エネルギー(平均の傾きの成分)と，② 平均の傾きのばらつきである有害成分の和，として表される．

$$S_N = S_T - S_m = 5\,050 - 5\,000 = 50 \tag{2.8}$$

以上の計算から，計測された出力 $y_1 = 55$，$y_2 = 45$ における全変動成分 $S_T = 5\,050$ は，有効成分 $S_m = 5\,000$ と有害成分 $S_m = 50$ に分けられたことになる．これより，有効成分と有害成分の比としてエネルギー比型SN比 η_E を求めると，

$$\eta_E = S_m/S_N = 5\,000/50 = 100 \tag{2.9}$$

となる．有効成分が有害成分の100倍となるが，これは出力を2乗した場合の比であるので，y の次元では $\sqrt{100} = 10$ 倍である．たしかに，有効成分(50)は有害成分(平均値の周りに±5のばらつき)の10倍となっていることが確認できる．このことから，ノイズ因子による平均値に対する**変化率** p は，次式で表される．

$$\text{変化率}\ p = 1/\sqrt{\eta_E} = 1/\sqrt{100} = 0.1 \tag{2.10}$$

一般に，計測したデータの成分が有効成分と有害成分だけの場合は，有害成分は全変動成分から有効成分を引いた差分で求めることができる．これらの関係を図示すると，**図2.5**のようになる．

全変動成分は出力0からの変動の大きさであり，それを平均の成分(有効成分)と平均からのばらつきの成分(有害成分)に分けている．全変動成分，有効成分，有害成分はピタゴラスの定理の関係になっている．

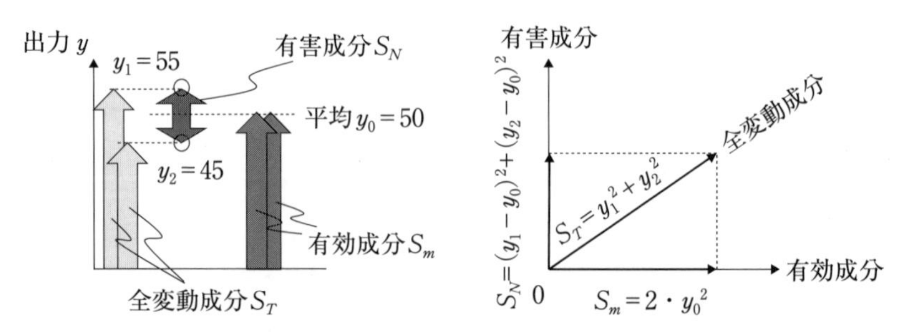

図2.5　本例の各成分のイメージ(左)と2乗和の分解(右)

このように，全変動成分をいくつかの2乗の成分に分けることを**2乗和の分解**，あるいは**変動の分解**といい，SN比の計算のみならず，統計解析の主要手法である**分散分析(ANOVA)**においても，基本となる演算である．入力信号がある場合はもう少し複雑になるが，次項以降で示すように，全変動成分や有効成分，有害成分の求め方は同様である．

2.3.2　直交するデータの場合

表2.1，**図2.6**に示すように，ノイズ因子n水準，信号因子k水準，ノイズ因子水準i $(i=1, 2,\cdots, n)$，信号因子水準j $(j=1, 2,\cdots, k)$における出力y_{ij}が得られたとする．データに抜けや不揃いはなく，nk個で直交している．**図2.6**において，ゼロ点比例の点線は，ノイズ因子水準N_iのデータの比例式回

表2.1　直交するデータ(繰り返しなし)：データ形式

		入力信号 M				
		M_1	M_2	M_3	$\cdots$	M_k
ノイズ因子N	N_1	y_{11}	y_{12}	y_{13}	$\cdots$	y_{1k}
	N_2	y_{21}	y_{22}	y_{23}	$\cdots$	y_{2k}
	$\vdots$	$\vdots$	$\vdots$	$\vdots$	$\vdots$	$\vdots$
	N_n	y_{n1}	y_{n2}	y_{n3}	$\cdots$	y_{nk}

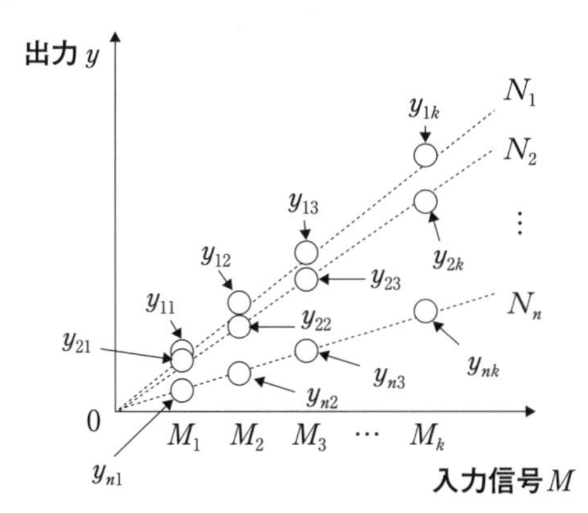

注)　ゼロ点比例の点線は，ノイズ因子水準N_iのデータの比例式回帰直線イメージ．

図2.6　直交するデータ(繰り返しなし)：グラフ

帰直線のイメージである.

まず各水準(i, j)において，繰り返しがない最もシンプルな場合で説明する.

(1)　繰り返しがない場合

①　全変動成分

2.3.1項の静特性の場合と同様に，全変動成分はnk個の各データy_{ij}の2乗の和である．これは$y=0$からの変動を示している(**図2.7**).

$$S_T=\sum_{i=1}^{n}\sum_{j=1}^{k}y_{ij}^2 \tag{2.11}$$

これはExcel関数のSUMSQ(　)を用いても計算できる.

②　平均的な傾きの大きさ

2.3.1項の静特性の場合では，有効成分を**平均的な出力**の大きさと考えた．入力信号のある動特性の場合は，有効成分を**平均的な傾き**の大きさと考えればよい.

まずノイズ因子N_i水準$(i=1, 2,\cdots, n)$の傾きβ_{Ni}を求める．入力信号はM_1，M_2，…，M_kに対して，ノイズ因子N_i水準の出力は，y_{i1}，y_{i2}，…，y_{ik}である.

このk組のデータをゼロ点を通る比例式$y=\beta_{Ni}M$で表す．このときのβ_{Ni}

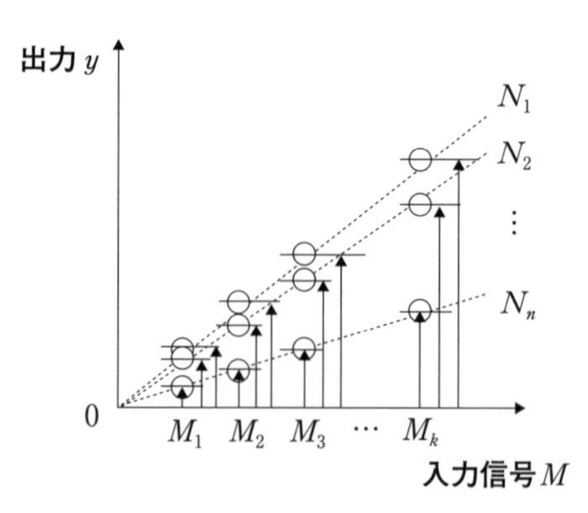

注)　矢印の長さの2乗和が全変動成分.

図2.7　全変動成分のイメージ

は，比例式 $y=\beta_{Ni}M$ とデータ y_{i1}，y_{i2}，…，y_{ik} の誤差の2乗和(誤差変動 S_{ei})が最小になるということである(**図2.8**，**最小2乗法**)．S_{ei} は次式で表される．ここに β_{Ni} は未知数である．

$$S_{ei}=\sum_{j=1}^{k}(y_{ij}-\beta_{Ni}M_j)^2 \tag{2.12}$$

ここで注意したいことは，入力信号 M と出力 y の**理想的な関係が**ゼロ点を通る比例関係($y=\beta M$)のときは，実際に観測したデータ y_{ij} がどのような形(曲線になっていたり，切片をもつなど)になっていても，ゼロ点比例を理想と考えて傾きを求めるということである．得られたデータに合うような関数に当てはめるのではなく，**理想状態($y=\beta M$)からのばらつきや非線形性を，機能の安定性の悪さと考えて評価するのがSN比の考え方**である．この意味で理想状態がどのような関数になるのかを決めておくことは重要である．

誤差変動 S_{ei} が最小となる β_{Ni} は，S_{ei} を β_{Ni} で微分して0とおけばよい．

$$\begin{aligned}\frac{\partial S_{ei}}{\partial \beta_{Ni}}\sum_{j=1}^{k}(y_{ij}-\beta_{Ni}M_j)^2&=\frac{\partial}{\partial \beta_{Ni}}\left[\left(\sum_{j=1}^{k}y_{ij}{}^2\right)-2\beta_{Ni}+2\beta_{Ni}\left(\sum_{j=1}^{k}M_j y_{ij}\right)\right.\\&\qquad\left.+\beta_{Ni}{}^2\left(\sum_{j=1}^{k}M_j{}^2\right)\right]\\&=-2\left(\sum_{j=1}^{k}M_j y_{ij}\right)+2\beta_{Ni}\left(\sum_{j=1}^{k}M_j{}^2\right)=0\end{aligned} \tag{2.13}$$

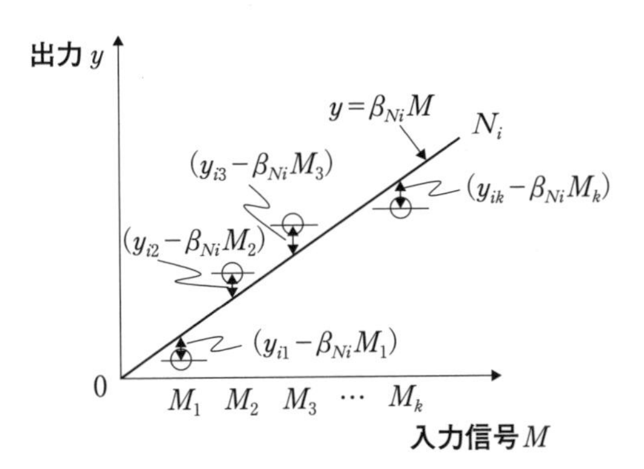

注)　両矢印の長さの2乗和が誤差変動．

図2.8　誤差変動のイメージ

$$\therefore \beta_{Ni} = \frac{\sum_{j=1}^{k} M_j y_{ij}}{\sum_{j=1}^{k} {M_j}^2} \equiv \frac{L_{Ni}}{r} \tag{2.14}$$

ここで,

$$r \equiv \sum_{j=1}^{k} {M_j}^2 \tag{2.15}$$

$$L_{Ni} \equiv \sum_{j=1}^{k} M_j y_j \tag{2.16}$$

式(2.14)の β の分母である信号の2乗和は**有効除数** r，分子の信号と出力の積和は**線形式** L とよばれる．なお，傾き β はExcel関数のLINEST(出力データ，入力データ，0，0)でも計算が可能である．

これで，各ノイズ因子水準ごとの傾き β_{N1}，β_{N2}，…，β_{Nn} が求まった．

つぎに，これらの平均から，平均の傾き β_{N0} を求める．

$$\beta_{N0} = \frac{\sum_{i=1}^{n} \beta_{Ni}}{n} \tag{2.17}$$

全データから $y = \beta_{N0} M$ に対する誤差分散を求めて，平均の傾き β_{N0} を求めることもできるが，上記のように平均の傾きは各ノイズ因子水準の傾きの平均と理解することで，**2.3.4項**で説明するようなデータが不揃いの場合についても，数式を自然に拡張できる．

③　平均の傾きの変動(有効成分)

静特性の有効成分で，平均値の変動(2乗)が n 個あると考えたのと同様に，ノイズ因子水準数 n 本だけあった比例式のグラフが，n 本の平均の傾きの比例式 $y = \beta_{N0} M$ のグラフ上のデータに置き換ったと考える(このことは，**2.3.4項**の場合のように，信号因子の水準がノイズ因子水準ごとに異なるほうが理解しやすいかもしれない)．平均の傾きの変動は，$y = \beta_{N0} M$ の大きさの2乗和で表される．グラフ上の上向きの矢印はそれぞれ n 本ずつであることに注意する(**図2.9**)．これらの2乗和を有効成分 S_β で表す．

$$S_\beta = n \sum_{j=1}^{k} (\beta_{N0} M_j)^2 = n {\beta_{N0}}^2 \sum_{j=1}^{k} (M_j)^2 = nr {\beta_{N0}}^2 \tag{2.18}$$

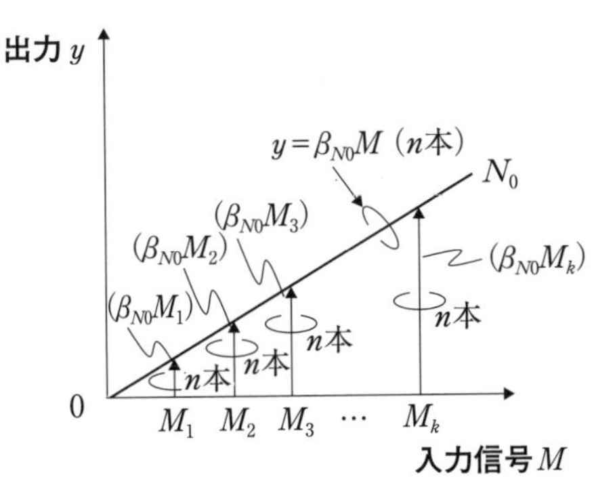

注）　矢印の長さの2乗和が平均の傾きの変動．

図 2.9　平均の傾きの変動(有効成分)のイメージ

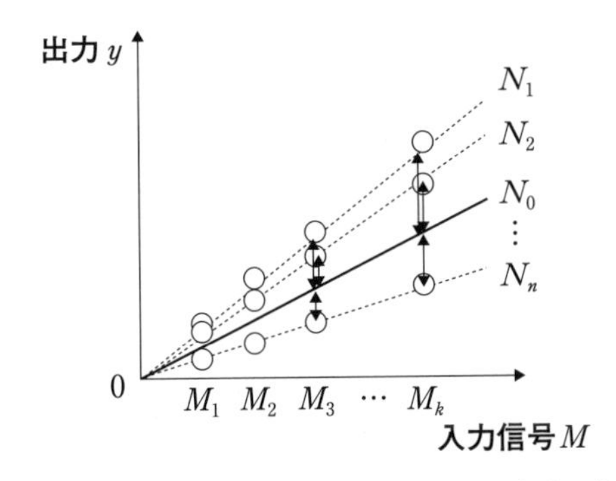

注）　両矢印の長さの2乗和が有害成分，M_1，M_2 水準の矢印は省略．

図 2.10　有害成分のイメージ

④　有害成分

本項のようにデータが直交し，標示因子(無効成分)がない場合は，有害成分 S_N は，全変動成分 S_T から有効成分 S_β を引くことで簡単に求められる．

$$S_N = S_T - S_\beta \tag{2.19}$$

S_N の意味するところは，各データ y_{ij} と平均の傾きの比例式 $y=\beta_{N0}M$ との差の変動である(**図 2.10**)．

$$S_N = \sum_{i=1}^{n}\sum_{j=1}^{k}(y_{ij} - \beta_{N0}M_j)^2 \tag{2.20}$$

S_N のなかにはノイズ因子水準の違いによる傾きの変動 $S_{\beta\times N}$ と，直線からのずれ，偶然誤差などを含めた誤差変動 S_e のすべてが悪さの成分として含まれている．しかし，SN 比を求めるためだけなら，これらを分解する必要はない．

例題 2.1　直交するデータ，繰り返しがない場合のエネルギー比型 SN 比の計算

記号で表された数式で理解しにくい場合は，数値例で考えると計算の具体的手順が理解できる．表 **2.2** のような信号 3 水準，ノイズ因子 2 水準の数値例（y_{ij} の記号の下）を用いる．

表 2.2　データ例

ノイズ因子 N	入力信号 M		
	M_1	M_2	M_3
	10	20	30
N_1	y_{11}	y_{12}	y_{13}
	12	22	34
N_2	y_{21}	y_{22}	y_{23}
	9	17	29

①　全変動成分

式(2.11)より，

$$
\begin{aligned}
S_T &= {y_{11}}^2+{y_{12}}^2+{y_{13}}^2+{y_{21}}^2+{y_{22}}^2+{y_{23}}^2 \\
&= 12^2+22^2+34^2+9^2+17^2+29^2 \\
&= 2\,995
\end{aligned}
$$

②　平均的な傾きの大きさ

式(2.15)より，有効除数 r（N_1 条件，N_2 条件共通）

$$
\begin{aligned}
r &= M_1^2+M_2^2+M_3^2 \\
&= 10^2+20^2+30^2 \\
&= 1\,400
\end{aligned}
$$

式(2.14)より，ノイズ因子水準 N_1，N_2 における傾き

$$\begin{aligned}\beta_{N1} &= (M_1y_{11}+M_2y_{12}+M_3y_{13})/r \\ &= (10\times12+20\times22+30\times34)/1\,400 \\ &= 1.1286\end{aligned}$$

$$\begin{aligned}\beta_{N2} &= (M_1y_{21}+M_2y_{22}+M_3y_{23})/r \\ &= (10\times9+20\times17+30\times29)/1\,400 \\ &= 0.9286\end{aligned}$$

式(2.17)より，傾きの平均

$$\begin{aligned}\beta_{N0} &= (\beta_{N1}+\beta_{N2})/2 \\ &= (1.13+0.93)/2 \\ &= 1.0286\end{aligned} \qquad (2.21)$$

平均的な傾きは1.0286で，ノイズ因子の影響でその周りに±0.1ずつばらついている($\beta_{N1}=1.0286+0.1$，$\beta_{N2}=1.0286-0.1$)ことになる．

③　平均の傾きの変動(有効成分)

平均の傾きに対する出力

$$y_{01}=\beta_{N0}M_1=1.0286\times10=10.286$$

$$y_{02}=\beta_{N0}M_2=1.0286\times20=20.572$$

$$y_{03}=\beta_{N0}M_3=1.0286\times30=30.858$$

有効成分

$$\begin{aligned}S_\beta &= 2\times\left(y_{01}^2+y_{02}^2+y_{03}^2\right) \\ &= 2\times(10.286^2+20.572^2+30.858^2) \\ &= 2\,962.286\end{aligned}$$

あるいは式(2.18)より，

$$\begin{aligned}S_\beta &= nr\beta_{N0}^2 \\ &= 2\times1\,400\times1.0286^2 \\ &= 2\,962.286\end{aligned} \qquad (2.22)$$

④　有害成分

式(2.19)より，

$$S_N = S_T - S_\beta$$
$$= 2\,995 - 2\,962.286$$
$$= 32.714$$

確認までに，これは式(2.20)からも求められる．

$$S_N = (12-1.0286\times 10)^2 + (22-1.0286\times 20)^2 + (34-1.0286\times 30)^2$$
$$+ (9-1.0286\times 10)^2 + (17-1.0286\times 20)^2 + (29-1.0286\times 30)^2$$
$$= 32.714 \tag{2.23}$$

(2)　繰り返しがある場合

各水準$(i,\ j)$において，繰り返しがq回ある場合も同様である．基本的な考え方はこれまでと同様であり，繰り返しから求められる偶然誤差も有害成分に含めて計算すればよい．ノイズ因子水準ごとにkq個のデータがあると考えて同様に有効成分を求め，有害成分は全変動成分から有効成分を引くだけでよい．**表2.3**のデータ形式に対する2乗和の分解を以下に示す．

各水準$(i,\ j)$における繰り返しデータを，$y_{ij(1)}$，$y_{ij(2)}$，…，$y_{ij(q)}$とする．

① 全変動成分

$$S_T = \sum_{i=1}^{n}\sum_{j=1}^{k}\sum_{l=1}^{q} {y_{ij(l)}}^2 \tag{2.24}$$

② 平均的な傾きの大きさ

$$\beta_{Ni} = \frac{\sum_{j=1}^{k}\sum_{l=1}^{q} M_j y_{ij(l)}}{q\sum_{j=1}^{k} M_j^2} \equiv \frac{L_{Ni}}{qr} \tag{2.25}$$

$$\beta_{N0} = \frac{\sum_{i=1}^{n}\beta_{Ni}}{n} \tag{2.26}$$

③ 平均の傾きの変動(有効成分)

$$S_\beta = nq\sum_{j=1}^{k}(\beta_{N0}M_j)^2 = nqr{\beta_{N0}}^2 \tag{2.27}$$

表 2.3　繰り返しがある場合のデータ形式

		入力信号 M				
		M_1	M_2	M_3	…	M_k
ノイズ因子 N	N_1	$y_{11(1)}$	$y_{12(1)}$	$y_{13(1)}$	…	$y_{1k(1)}$
		$y_{11(2)}$	$y_{12(2)}$	$y_{13(2)}$	…	$y_{1k(2)}$
		⋮	⋮	⋮	⋮	⋮
		$y_{11(q)}$	$y_{12(q)}$	$y_{13(q)}$	…	$y_{1k(q)}$
	N_2	$y_{21(1)}$	$y_{22(1)}$	$y_{23(1)}$	…	$y_{2k(1)}$
		$y_{21(2)}$	$y_{22(2)}$	$y_{23(2)}$	…	$y_{2k(2)}$
		⋮	⋮	⋮	⋮	⋮
		$y_{21(q)}$	$y_{22(q)}$	$y_{23(q)}$	…	$y_{2k(q)}$
	⋮	⋮	⋮	⋮	⋮	⋮
	N_n	$y_{n1(1)}$	$y_{n2(1)}$	$y_{n3(1)}$	…	$y_{nk(1)}$
		$y_{n1(2)}$	$y_{n2(2)}$	$y_{n3(2)}$	…	$y_{nk(2)}$
		⋮	⋮	⋮	⋮	⋮
		$y_{n1(q)}$	$y_{n2(q)}$	$y_{n3(q)}$	…	$y_{nk(q)}$

④　有害成分

$$S_N = S_T - S_\beta \tag{2.28}$$

これが意味するところは，

$$S_N = \sum_{i=1}^{n}\sum_{j=1}^{k}\sum_{l=1}^{q}(y_{ij(l)} - \beta_{N0}M_j)^2 \tag{2.29}$$

と同じである．

2.3.3　標示因子がある場合

2.3.2 項では，全変動成分の成分が有効成分と有害成分からなる場合を取り上げたが，実験内容によっては，有効成分でも有害成分でもない成分が存在する場合がある．ノイズ因子の場合は，その水準によって出力が変化してほしくないという動機で，SN 比の評価になかに有害成分として取り入れた．しかし，ある因子について，**その水準によって出力に差があっても技術的に当然の場合**

や，差があってもかまわない場合は，その因子の水準による出力の差やばらつきを小さくしたいという動機がない．たとえば，自動車のハンドリングやブレーキのなど機能は，車速(低速と高速)によって同じ働き具合である必要はなく，低速は低速で，高速は高速でそれぞれの特性をもち(つまり出力に差をもち)，それぞれで安定していればよい．この車速のような因子を**標示因子**(記号 P)という．標示因子の水準間の変動成分は，有効成分でも有害成分でもないので，**無効成分**(記号 S_P)とよぶことにする．

機能性評価におけるSN比の評価では，標示因子の水準ごとに出力の差があってもよく，それぞれの水準においてノイズ因子に対する安定性が確保されればよいことになる．パラメータ設計ではさらに，① 標示因子のどの水準でもおのおのノイズ因子に対する安定性が確保されているような共通の設計(制御因子[12]の水準)とする場合と，② 標示因子の水準ごとに設計(制御因子の水準)を変えられる場合もある．① の場合とは，構造や材料や電気回路の基本構成などのハード的な部分の設計に対応する．② の場合とは，たとえば車速によってステアリングの電子制御のソフトウェアパラメータを自動変更できるような場合である．このような設計の評価では，標示因子の水準別(車速の場合，低速と高速)にデータを分けて前項までの方法でそれぞれ個別にSN比を求めればよい．本項では，**標示因子の水準ごとに設計が共通で，全体としてSN比を求めたい場合**について述べる．

ほかの標示因子の例としては，モーターの運転における定格運転条件(通常の運転)と，短時間過負荷条件(厳しい運転)の違いが挙げられる．それぞれの運転条件では，出力や効率に差があって当然であるが，別の使用条件や環境条件であるノイズ因子に対しては，それぞれで安定してほしい．モーターの機械(構造・材料)部分の設計は標示因子水準によらず共通となるが，モーターを制御するソフトウェアの制御因子は，運転条件をモニターしながら最適な条件に適宜制御することが考えられる．

エスカレータにおける昇り，降りの運転方向の違いも，エネルギー的な機能(投入電力→輸送量)においては標示因子の例である．昇りと降りの場合で消費

12)　設計者が自由に水準を設定できる因子．設計パラメータ．

エネルギーが異なって当然だからである．昇りと降りのそれぞれで消費電力や機能が安定していればよい．

2乗和の分解においては，全変動成分から有効成分，無効成分を分解した後，全変動成分から有効成分と無効成分を引いた差分で有害成分を求める手順をとる．標示因子 P の水準を $l(l=1, 2,\cdots, p)$ とし，データを $y_{[l]ij}$ と表記する．データ形式を表 2.4 に示す．**2.3.2 項**との違いは，無効成分の分離が必要な点である．

表 2.4　標示因子がある場合のデータ形式①

表示因子 P	ノイズ因子 N	入力信号 M				
		M_1	M_2	M_3	$\cdots$	M_k
P_1	N_1	$y_{[1]11}$	$y_{[1]12}$	$y_{[1]13}$	$\cdots$	$y_{[1]1k}$
	N_2	$y_{[1]21}$	$y_{[1]22}$	$y_{[1]23}$	$\cdots$	$y_{[1]2k}$
	$\vdots$	$\vdots$	$\vdots$	$\vdots$	$\vdots$	$\vdots$
	N_n	$y_{[1]n1}$	$y_{[1]n2}$	$y_{[1]n3}$	$\cdots$	$y_{[1]nk}$
P_2	N_1	$y_{[2]11}$	$y_{[2]12}$	$y_{[2]13}$	$\cdots$	$y_{[2]1k}$
	N_2	$y_{[2]21}$	$y_{[2]22}$	$y_{[2]23}$	$\cdots$	$y_{[2]2k}$
	$\vdots$	$\vdots$	$\vdots$	$\vdots$	$\vdots$	$\vdots$
	N_n	$y_{[2]n1}$	$y_{[2]n2}$	$y_{[2]n3}$	$\cdots$	$y_{[2]nk}$
$\vdots$	$\vdots$	$\vdots$	$\vdots$	$\vdots$	$\vdots$	$\vdots$
P_p	N_1	$y_{[p]11}$	$y_{[p]12}$	$y_{[p]13}$	$\cdots$	$y_{[p]1k}$
	N_2	$y_{[p]21}$	$y_{[p]22}$	$y_{[p]23}$	$\cdots$	$y_{[p]2k}$
	$\vdots$	$\vdots$	$\vdots$	$\vdots$	$\vdots$	$\vdots$
	N_n	$y_{[p]n1}$	$y_{[p]n2}$	$y_{[p]n3}$	$\cdots$	$y_{[p]nk}$

(1)　標示因子水準ごとに信号因子の水準が共通の場合

①　全変動成分

$$S_T=\sum_{l=1}^{p}\sum_{i=1}^{n}\sum_{j=1}^{k}{y_{[l]ij}}^2 \tag{2.30}$$

② 平均的な傾きの大きさ

$$\beta_{Ni} = \frac{\sum_{l=1}^{p}\sum_{j=1}^{k} M_j y_{[l]ij}}{p\sum_{j=1}^{k} M_j^2} \equiv \frac{L_{Ni}}{pr} \tag{2.31}$$

$$\beta_{N0} = \frac{\sum_{i=1}^{n}\beta_{Ni}}{n} \tag{2.32}$$

③ 平均の傾きの変動(有効成分)

$$S_\beta = pn\sum_{j=1}^{k}(\beta_{N0}M_j)^2 = pnr\beta_{N0}{}^2 \tag{2.33}$$

④ 標示因子の変動(無効成分)

標示因子水準P_1，P_2，…，P_p のデータについて，それぞれ平均の傾きβ_{Pl} $(l=1, 2, \cdots, p)$を求めた後，出力$\beta_{N0}M_j$ からの偏差$(\beta_{Pl}M_j-\beta_{N0}M_j)$の２乗和を求めればよい(式(2. 35)の第２式)．無効成分をS_P で表すことにする．標示因子P_l 水準にはノイズ因子水準数n 回の繰り返しがあることに注意する．計算時は$\beta_{Pl}M_j$ の変動から，平均の傾きの変動S_β を引いて求めるほうが簡単である(式(2. 35)の第３式)．

$$\beta_{Pl} = \frac{\sum_{i=1}^{n}\sum_{j=1}^{k} M_j y_{[l]ij}}{n\sum_{j=1}^{k} M_j^2} \equiv \frac{L_{Pl}}{nr} \tag{2.34}$$

$$\begin{aligned} S_P &= \sum_{l=1}^{p}\sum_{j=1}^{k}(\beta_{Pl}M_j-\beta_{N0}M_j)^2 \\ &= n\sum_{l=1}^{p}\sum_{j=1}^{k}(\beta_{Pl}M_j)^2 - S_\beta \end{aligned} \tag{2.35}$$

⑤ 有害成分

有害成分は全変動成分から有効成分と無効成分を引いた残りから求められる．

$$S_N = S_T - S_\beta - S_P \tag{2.36}$$

S_N が意味するところは，各観測データ $y_{[l]ij}$ と，各標示因子水準平均の $\beta_{Pl}M$ との間の誤差変動である．

$$S_N = \sum_{l=1}^{p}\sum_{i=1}^{n}\sum_{j=1}^{k}(y_{[l]ij} - \beta_{Pl}M_j)^2 \tag{2.37}$$

例題 2.2　直交するデータ，標示因子がある場合のエネルギー比型 SN 比の計算

簡単な数値例(表 2.5)で計算方法を確認する．

表 2.5　標示因子がある場合の数値例(信号因子水準共通)

表示因子 P	ノイズ因子 N	入力信号 M		
		M_1 10	M_2 20	M_3 30
P_1	N_1	$y_{[1]11}$ 11	$y_{[1]12}$ 23	$y_{[1]13}$ 35
	N_2	$y_{[1]21}$ 9	$y_{[1]22}$ 17	$y_{[1]23}$ 25
P_2	N_1	$y_{[2]11}$ 6	$y_{[2]12}$ 12	$y_{[2]13}$ 17
	N_2	$y_{[2]21}$ 4	$y_{[2]22}$ 8	$y_{[2]23}$ 13

①　全変動成分

式(2.30)より，

$$S_T = 11^2 + 23^2 + 35^2 + 9^2 + 17^2 + 25^2 + 6^2 + 12^2 + 17^2 + 4^2 + 8^2 + 13^2 = 3\,588$$

②　平均的な傾きの大きさ

式(2.15)より，有効除数 r

$$r = 10^2 + 20^2 + 30^2 = 1\,400$$

式(2. 31)より，ノイズ因子水準 N_1，N_2 における傾き

$$\beta_{N1}=(10\times 11+20\times 23+30\times 35+10\times 6+20\times 12+30\times 17)/2r$$
$$=0.868$$
$$\beta_{N2}=(10\times 9+20\times 17+30\times 25+10\times 4+20\times 8+30\times 13)/2r$$
$$=0.632$$

式(2. 32)より，傾きの平均

$$\beta_{N0}=(0.868+0.632)/2$$
$$=0.750$$

平均的な傾きは0. 750で，ノイズ因子の影響でその周りに±0.118ずつばらついている($\beta_{N1}=0.750+0.118$，$\beta_{N2}=0.750-0.118$)ことになる．

③　平均の傾きの変動(有効成分)

式(2. 33)より，

$$S_\beta=pnr\beta_{N0}{}^2$$
$$=2\times 2\times 1\,400\times 0.750^2=3\,150$$

④　標示因子の変動(無効成分)

式(2. 34)より，標示因子水準 P_1，P_2 における傾き

$$\beta_{P1}=(10\times 11+20\times 23+30\times 35+10\times 9+20\times 17+30\times 25)/2r$$
$$=1.000$$
$$\beta_{P2}=(10\times 6+20\times 12+30\times 17+10\times 4+20\times 8+30\times 13)/2r$$
$$=0.500$$

式(2. 35)より，無効成分

$$S_P=2\times[(1\times 10)^2+(1\times 20)^2+(1\times 30)^2$$
$$+(0.5\times 10)^2+(0.5\times 20)^2+(0.5\times 30)^2]-3\,150$$
$$=350$$

確認までに，これは以下からも求められる．

$$
\begin{aligned}
S_P &= 2\times[(1\times 10-0.75\times 10)^2+(1\times 20-0.75\times 20)^2+(1\times 30-0.75\times 30)^2\\
&\quad +(0.5\times 10-0.75\times 10)^2+(0.5\times 20-0.75\times 20)^2\\
&\quad +(0.5\times 30-0.75\times 30)^2]\\
&= 350
\end{aligned}
$$

⑤　有害成分

式(2.36)より，

$$S_N = 3\,588-3\,150-350 = 88$$

確認までに，これは式(2.37)からも以下のように求められる．

$$
\begin{aligned}
S_N &= (11-1\times 10)^2+(23-1\times 20)^2+(35-1\times 30)^2\\
&\quad +(9-1\times 10)^2+(17-1\times 20)^2+(25-1\times 30)^2\\
&\quad +(6-0.5\times 10)^2+(12-0.5\times 20)^2+(17-0.5\times 30)^2\\
&\quad +(4-0.5\times 10)^2+(8-0.5\times 20)^2+(13-0.5\times 30)^2\\
&= 88
\end{aligned}
$$

(2)　標示因子水準ごとに信号因子の水準が異なる場合

さらに，標示因子水準ごとに信号因子の水準が異なる場合も同じ計算手順で計算される．データ形式を表 **2.6** に示す．

こちらのデータ形式のほうがより一般的である．ここに，$M_{[l]j}$ は標示因子水準 l，信号因子水準 j における信号水準値を示し，k_l は標示因子水準 l における信号水準数を示す．したがって，標示因子水準 l において，信号因子水準は $j=1, 2, \cdots, k_l$ の値をとる．

①　全変動成分

$$S_T = \sum_{l=1}^{p}\sum_{i=1}^{n}\sum_{j=1}^{k_l} {y_{[l]ij}}^2 \tag{2.38}$$

表 2.6 標示因子がある場合のデータ形式②

表示因子 P	ノイズ因子 N	入力信号 M				
P_1		$M_{[1]1}$	$M_{[1]2}$	$M_{[1]3}$	$\cdots$	$M_{[1]k1}$
	N_1	$y_{[1]11}$	$y_{[1]12}$	$y_{[1]13}$	$\cdots$	$y_{[1]1k1}$
	N_2	$y_{[1]21}$	$y_{[1]22}$	$y_{[1]23}$	$\cdots$	$y_{[1]2k1}$
	$\vdots$	$\vdots$	$\vdots$	$\vdots$	$\vdots$	$\vdots$
	N_n	$y_{[1]n1}$	$y_{[1]n2}$	$y_{[1]n3}$	$\cdots$	$y_{[1]nk1}$
P_2		$M_{[2]1}$	$M_{[2]2}$	$M_{[2]3}$	$\cdots$	$M_{[2]k2}$
	N_1	$y_{[2]11}$	$y_{[2]12}$	$y_{[2]13}$	$\cdots$	$y_{[2]1k2}$
	N_2	$y_{[2]21}$	$y_{[2]22}$	$y_{[2]23}$	$\cdots$	$y_{[2]2k2}$
	$\vdots$	$\vdots$	$\vdots$	$\vdots$	$\vdots$	$\vdots$
	N_n	$y_{[2]n1}$	$y_{[2]n2}$	$y_{[2]n3}$	$\cdots$	$y_{[2]nk2}$
$\vdots$	$\vdots$	$\vdots$	$\vdots$	$\vdots$	$\vdots$	$\vdots$
P_p		$M_{[p]1}$	$M_{[p]2}$	$M_{[p]3}$	$\cdots$	$M_{[p]kp}$
	N_1	$y_{[p]11}$	$y_{[p]12}$	$y_{[p]13}$	$\cdots$	$y_{[p]1kp}$
	N_2	$y_{[p]21}$	$y_{[p]22}$	$y_{[p]23}$	$\cdots$	$y_{[p]2kp}$
	$\vdots$	$\vdots$	$\vdots$	$\vdots$	$\vdots$	$\vdots$
	N_n	$y_{[p]n1}$	$y_{[p]n2}$	$y_{[p]n3}$	$\cdots$	$y_{[p]nkp}$

② 平均的な傾きの大きさ

各標示因子水準 l，各ノイズ因子水準 i の傾きをそれぞれ求め，平均をとる．

$$\beta_{PlNi} = \frac{\sum_{j=1}^{k_l} M_{[l]j} y_{[l]ij}}{\sum_{j=1}^{k_l} M_{[l]j}{}^2} \equiv \frac{L_{[l]Ni}}{r_{[l]}} \tag{2.39}$$

$$\beta_{N0} = \frac{\sum_{l=1}^{p} \sum_{i=1}^{n} \beta_{PlNi}}{pn} \tag{2.40}$$

③ 平均の傾きの変動(有効成分)

$$S_\beta = n\beta_{N0}{}^2 \cdot \sum_{l=1}^{P} r_{[l]} \tag{2.41}$$

④　標示因子の変動(無効成分)

標示因子水準 l ごとの傾きを求めておき，平均の傾きとの偏差の2乗を合計する．

$$\beta_{Pl} = \frac{\sum_{i=1}^{n} \beta_{PlNi}}{n} \tag{2.42}$$

$$S_P = \sum_{l=1}^{p} \sum_{j=1}^{k} (\beta_{Pl} M_{[l]j} - \beta_{N0} M_{[l]j})^2$$

$$= n \sum_{l=1}^{p} \sum_{j=1}^{k} (\beta_{Pl} M_{[l]j})^2 - S_\beta \tag{2.43}$$

⑤　有害成分

有害成分は全変動成分から有効成分と無効成分を引いた残りから求められる．

$$S_N = S_T - S_\beta - S_P \tag{2.44}$$

S_N が意味するところは，各観測データ $y_{[l]ij}$ と，各標示因子水準平均の $\beta_{Pl} M$ との間の誤差変動である．

$$S_N = \sum_{l=1}^{p} \sum_{i=1}^{n} \sum_{j=1}^{k_l} (y_{[l]ij} - \beta_{Pl} M_j)^2 \tag{2.45}$$

2.3.4　水準値やデータ数が不揃いで直交していない場合

2.3.2 項，**2.3.3** 項のデータでは，データが直交して(多元配置の形になって)いる場合を示した．しかし，実際の評価実験では以下のようなケースが起こりうる．

①　入力信号が設定値でなく計測値の場合で，ノイズ因子水準ごとに信号水準値が揃わない場合(**表 2.7**，**図 2.11**)

②　動作や反応などの現象がある時間で終わるケースで，ノイズ因子水準ごとに動作・反応時間が異なり，一定時間間隔でデータをとったことで，

表 2.7　ノイズ因子水準ごとに信号因子水準値が異なる数値例

ノイズ因子 N	入力信号 M_{ij} / 出力 y_{ij}		
N_1	M_{11}	M_{12}	M_{13}
	10	20	30
	y_{11}	y_{12}	y_{13}
	12	22	34
N_2	M_{21}	M_{22}	M_{23}
	6	12	18
	y_{21}	y_{22}	y_{23}
	5	11	15

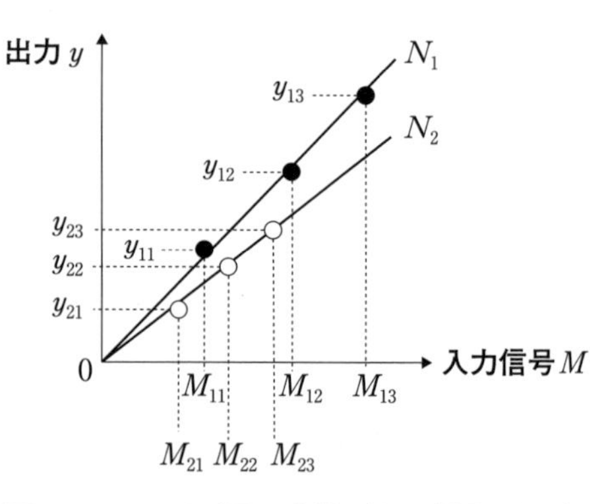

図 2.11　ノイズ因子水準ごとに信号因子水準値が異なるデータのイメージ

表 2.8　ノイズ因子水準ごとに信号因子水準数が異なる数値例

ノイズ因子 N	入力信号 M_{ij} / 出力 y_{ij}				
N_1	M_{11}	M_{12}	M_{13}		
	10	20	30		
	y_{11}	y_{12}	y_{13}		
	12	22	34		
N_2	M_{21}	M_{22}	M_{23}	M_{24}	M_{25}
	10	20	30	40	50
	y_{21}	y_{22}	y_{23}	y_{24}	y_{25}
	8	17	23	33	46

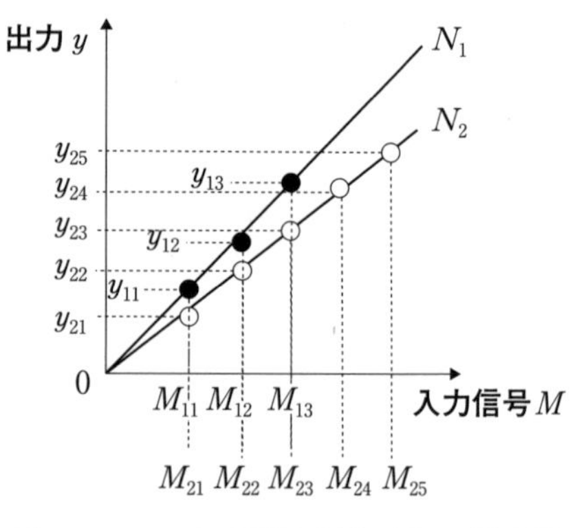

図 2.12　ノイズ因子水準ごとに信号因子水準値が異なるデータのイメージ

信号因子の水準数が異なる場合(表 2.8, 図 2.12)

③　信号水準値も水準数も揃わない，①と②が合わさったような場合

いずれも場合も，ノイズ因子の水準(グラフの一本一本)ごとに信号因子の水準値や水準数が異なるということでは共通の事象である．これらへの対応としては，前項までに説明した2乗和の分解の手順において，**ノイズ因子水準ごとに有効除数 r_{Ni} と傾きを求めることと，有害成分を定義どおり求める(出力データ値と平均の傾きの出力の偏差2乗和)**ことで対応できる．

例題 2.3　水準値やデータ数が不揃いで直交しないデータの場合のエネルギー比型 SN 比の計算①

まず，**表 2.7**，**図 2.11** の場合で計算例を示す．

①　全変動成分

式(2.11)より，

$$S_T = y_{11}^2 + y_{12}^2 + y_{13}^2 + y_{21}^2 + y_{22}^2 + y_{23}^2$$
$$= 12^2 + 22^2 + 34^2 + 5^2 + 11^2 + 15^2$$
$$= 2\,155$$

注）　後で述べるとおり，この計算は変動の分解には必要ない．

②　平均的な傾きの大きさ

式(2.15)において，有効除数 r_i をノイズ因子水準ごとに求めると

$$r_{N1} = M_{11}^2 + M_{12}^2 + M_{13}^2$$
$$= 10^2 + 20^2 + 30^2$$
$$= 1\,400$$

$$r_{N2} = M_{21}^2 + M_{22}^2 + M_{23}^2$$
$$= 6^2 + 12^2 + 18^2$$
$$= 504$$

式(2.14)より，ノイズ因子水準 N_1，N_2 における傾き

$$\beta_{N1} = (M_{11}y_{11} + M_{12}y_{12} + M_{13}y_{13})/r_{N1}$$
$$= (10 \times 12 + 20 \times 22 + 30 \times 34)/1\,400$$
$$= 1.1286$$

$$\beta_{N2} = (M_{21}y_{21} + M_{22}y_{22} + M_{23}y_{23})/r_{N2}$$
$$= (6 \times 5 + 12 \times 11 + 18 \times 15)/504$$
$$= 0.8571$$

式(2.17)より，傾きの平均

$$\begin{aligned}\beta_{N0} &= (\beta_{N1}+\beta_{N2})/2\\ &= (1.1286+0.8571)/2\\ &= 0.9929\end{aligned}$$

③　平均の傾きの変動(有効成分)

入力 M_{ij} の平均の傾き β_{N0} に対する出力 y_{0ij}

$$\begin{aligned}y_{011} &= \beta_{N0}M_{11} = 0.9929\times 10 = 9.929\\ y_{012} &= \beta_{N0}M_{12} = 0.9929\times 20 = 19.858\\ y_{013} &= \beta_{N0}M_{13} = 0.9929\times 30 = 29.787\\ y_{021} &= \beta_{N0}M_{21} = 0.9929\times 6 = 5.957\\ y_{022} &= \beta_{N0}M_{22} = 0.9929\times 12 = 11.914\\ y_{023} &= \beta_{N0}M_{23} = 0.9929\times 18 = 17.871\end{aligned}$$

式(2.18)の第2式と同様に，ノイズ因子水準ごとに求めた平均の傾きに対する出力の2乗和を求めると

$$\begin{aligned}S_\beta &= {y_{011}}^2+{y_{012}}^2+{y_{013}}^2+{y_{021}}^2+{y_{022}}^2+{y_{023}}^2\\ &= 9.929^2+19.858^2+29.787^2+5.957^2+11.914^2+17.871^2\\ &= 1\,876.897\end{aligned}$$

あるいは，式(2.18)の第3式と同様に，ノイズ因子水準ごとの有効除数 r_{Ni} に注意して，次式のようにも求めることができる.

$$\begin{aligned}S_\beta &= r_{N1}{\beta_{N0}}^2+r_{N2}{\beta_{N0}}^2 = (r_{N1}+r_{N2}){\beta_{N0}}^2\\ &= (1\,400+504)\times 0.9929^2\\ &= 1\,876.897\end{aligned}$$

④　有害成分

2.3.2項のようにデータが直交している場合は，有害成分は全変動成分から有効成分を引いた差分で求められたが，本例の場合はデータが直交していない

ので，この方法(下記)では求められない．

$$S_N \neq S_T - S_\beta$$

したがって，事前の全変動成分 S_T の計算は不要である．

有害成分は式(2.20)で示した定義どおりに，出力データ y_{ij} の平均の傾き $y_{0ij} = \beta_{N0}M_{ij}$ からの偏差の2乗和で求める．

$$\begin{aligned} S_N &= (y_{11} - \beta_{N0}M_{11})^2 + (y_{12} - \beta_{N0}M_{12})^2 + (y_{13} - \beta_{N0}M_{13})^2 \\ &\quad + (y_{21} - \beta_{N0}M_{21})^2 + (y_{22} - \beta_{N0}M_{22})^2 + (y_{23} - \beta_{N0}M_{23})^2 \\ &= (12 - 9.929)^2 + (22 - 19.858)^2 + (34 - 29.787)^2 \\ &\quad + (5 - 5.957)^2 + (11 - 11.914)^2 + (15 - 17.871)^2 \\ &= 36.64 \end{aligned}$$

確認までに，全変動成分と，有効成分＋有害成分を比較すると一致しない．

$$S_T = 2\,155$$

$$S_\beta + S_N = 1\,876.897 + 36.64 = 1\,913.537$$

以上のように，**2.3.2項**で説明したエネルギー比型SN比の計算手順の拡張で2乗和の分解を行った．これと同等の有効成分と有害成分を用いて定義したSN比が，前田誠のSN比[8]である．エネルギー比型SN比を非直交データに拡張した場合，自然な形で前田のSN比と一致する．

例題 2.4　水準値やデータ数が不揃いで直交しないデータの場合のエネルギー比型SN比の計算②

同様に，**表2.8**，**図2.12**の場合で計算例を示す．

①　全変動成分

$$\begin{aligned} S_T &= y_{11}^2 + y_{12}^2 + y_{13}^2 + y_{21}^2 + y_{22}^2 + y_{23}^2 + y_{24}^2 + y_{25}^2 \\ &= 12^2 + 22^2 + 34^2 + 8^2 + 17^2 + 23^2 + 33^2 + 46^2 \\ &= 5\,871 \end{aligned}$$

注） この計算は変動の分解には必要ない.

② 平均的な傾きの大きさ

ノイズ因子水準ごとの有効除数 r_i

$$
\begin{aligned}
r_{N1} &= M_{11}^2 + M_{12}^2 + M_{13}^2 \\
&= 10^2 + 20^2 + 30^2 \\
&= 1\,400 \\
r_{N2} &= M_{21}^2 + M_{22}^2 + M_{23}^2 + M_{24}^2 + M_{25}^2 \\
&= 10^2 + 20^2 + 30^2 + 40^2 + 50^2 \\
&= 5\,500
\end{aligned}
$$

ノイズ因子水準 N_1，N_2 における傾き

$$
\begin{aligned}
\beta_{N1} &= (M_{11}y_{11} + M_{12}y_{12} + M_{13}y_{13})/r_{N1} \\
&= (10 \times 12 + 20 \times 22 + 30 \times 34)/1\,400 \\
&= 1.1286 \\
\beta_{N2} &= (M_{21}y_{21} + M_{22}y_{22} + M_{23}y_{23} + M_{24}y_{24} + M_{25}y_{25})/r_{N2} \\
&= (10 \times 8 + 20 \times 17 + 30 \times 23 + 40 \times 33 + 50 \times 46)/5\,500 \\
&= 0.86
\end{aligned}
$$

傾きの平均

$$
\begin{aligned}
\beta_{N0} &= (\beta_{N1} + \beta_{N2})/2 \\
&= (1.1286 + 0.86)/2 \\
&= 0.9943
\end{aligned}
$$

③ 平均の傾きの変動（有効成分）

入力 M_{ij} の平均の傾きに対する出力 y_{0ij}

$$y_{011}=y_{021}=\beta_{N0}M_{11}=0.9943\times 10=9.943$$
$$y_{012}=y_{022}=\beta_{N0}M_{12}=0.9943\times 20=19.886$$
$$y_{013}=y_{023}=\beta_{N0}M_{13}=0.9943\times 30=29.823$$
$$y_{024}=\beta_{N0}M_{24}=0.9943\times 40=39.771$$
$$y_{025}=\beta_{N0}M_{25}=0.9943\times 50=49.714$$

有効成分は，式(2.18)の第 2 式と同様に，

$$\begin{aligned}S_{\beta}&={y_{011}}^2+{y_{012}}^2+{y_{013}}^2+{y_{021}}^2+{y_{022}}^2+{y_{023}}^2+{y_{024}}^2+{y_{025}}^2\\&=(9.943^2+19.886^2+29.823^2)\times 2+39.771^2+49.714^2\\&=6\,821.368\end{aligned}$$

あるいは，式(2.18)の第 3 式と同様に，

$$\begin{aligned}S_{\beta}&=r_{N1}{\beta_{N0}}^2+r_{N2}{\beta_{N0}}^2=(r_{N1}+r_{N2})\,{\beta_{N0}}^2\\&=(1\,400+5\,500)\times 0.9943^2\\&=6\,821.564\quad\text{（丸め誤差の範囲で一致）}\end{aligned}$$

④　有害成分

$$\begin{aligned}S_N&=(y_{11}-\beta_{N0}M_{11})^2+(y_{12}-\beta_{N0}M_{12})^2+(y_{13}-\beta_{N0}M_{13})^2\\&\quad+(y_{21}-\beta_{N0}M_{21})^2+(y_{22}-\beta_{N0}M_{22})^2+(y_{23}-\beta_{N0}M_{23})^2\\&\quad+(y_{24}-\beta_{N0}M_{24})^2+(y_{25}-\beta_{N0}M_{25})^2\\&=(12-9.943)^2+(22-19.886)^2+(34-29.823)^2\\&\quad+(8-9.943)^2+(17-19.886)^2+(23-29.823)^2\\&\quad+(33-39.771)^2+(46-49.714)^2\\&=144.482\end{aligned}$$

確認までに，全変動成分と，有効成分＋有害成分を比較すると，一致しない．

$$S_T=5\,871$$
$$S_{\beta}+S_N=6\,821.368+144.482=6\,965.850$$

2.4　エネルギー比型SN比の計算(基本型：ゼロ点比例)

ゼロ点比例を理想状態とする機能では，2.3節のように有効エネルギー，有害エネルギーに(必要であれば無効エネルギーにも)分解し，これらの比によってエネルギー比型SN比を計算できる．なお，手順番号は前節からの続きになっていることに注意されたい．

⑤　エネルギー比型SN比

エネルギー比型SN比は有効成分と有害成分の比である．SN比の比較だけなら比(真数)のままでよいし，パラメータ設計でSN比を使用する場合などで，加法性[13)]が問題になる場合は常用対数の10倍とし，デシベル(db)で表す[14)]．また，エネルギー比型SN比であることを明示する場合は，SN比の記号ηに添え字Eを付けることとする．

$$\eta_{E\,(\text{真数})} = \frac{S_\beta}{S_N} \tag{2.46}$$

$$\eta_{E\,(\text{db})} = 10\log\left(\frac{S_\beta}{S_N}\right) \quad (\text{db}) \tag{2.47}$$

⑥　傾きの変化率p

傾きの変化率pは平均の傾きβ_{N0}の大きさに対して，どれだけの率で傾きがばらついているかの指標である．たとえば$p=0.1$の場合，平均の傾きβ_{N0}に対して±10％程度のばらつきがグラフ上にあることを示している．ここでSN比は真数を用いる．

---

13)　比(真数)のままでは効果の足し算の関係が成り立たないため対数をとる．ばらつきを50% 減らせる技術的対策が2つあり，両方を実施場合，期待する効果は足し算の50%＋50%＝100%(ばらつきがゼロになる)ではなく，(1/2)×(1/2)＝1/4(ばらつきが25%になる)である．SN比を対数にすることで，掛け算が足し算に変換されるため，効果に加法性が生じる．

14)　対数の底は10，倍率を10倍としているのは単なる慣習である．対数の底も倍率も技術的な意味はない．

$$p=\frac{1}{\sqrt{\eta_{E(真数)}}}=\sqrt{\frac{S_N}{S_\beta}} \tag{2.48}$$

⑦　感度 S

設計の比較上，SN 比だけでなく有効な出力の大きさも評価したい場合がある．その場合は，前述の平均の傾き β_{N0} を用いてもよいし，これを 2 乗してデシベル単位で示した感度 S を用いてもよい(エネルギー比型 SN 比に対する感度であることを明示する場合は S_E)．前者は傾きそのものの数値なので直観的にわかりやすく，後者は加法性が成り立ちやすいのでパラメータ設計向きである．

$$S_{E\,(\mathrm{db})}=10\log\left(\beta_{N0}{}^2\right)\quad(\mathrm{db}) \tag{2.49}$$

例題 2.5　**エネルギー比型 SN 比(基本型：ゼロ点比例)の計算**

2.3.2 項の例題 2.1 で求めた有効成分 S_β(式(2.22))，有害成分 S_N(式(2.23))の値を用いて SN 比を求める．

⑤　エネルギー比型 SN 比

式(2.46)より，

$$\begin{aligned}\eta_{E\,(真数)}&=S_\beta/S_N\\&=2\,962.286/32.714\\&=90.55\end{aligned}$$

また，式(2.47)より，

$$\eta_{E\,(\mathrm{db})}=10\log(90.55)=19.57\quad(\mathrm{db})$$

⑥　傾きの変化率 p

式(2.48)より，

$$p = 1/\sqrt{\eta_{E(\text{真数})}}$$
$$= 1/\sqrt{90.55}$$
$$= 0.105$$

すなわち，平均の傾き $\beta_{N0} = 1.0286$（式(2. 21)）に対して，データ y_{ij} は ±0.105 倍ばらついている．この値はノイズ因子条件（N_1，N_2）による傾きの差（±0.1）以外に偶然誤差や非線形な成分も含んだ値である．

⑦　感度 S

式(2. 49)より，

$$S_{E\,(\mathrm{db})} = 10\log(\beta_{N0}{}^2)$$
$$= 10\log(1.0286^2)$$
$$= 0.245 \quad (\mathrm{db})$$

演習 2. 1　**エネルギー比型SN比（基本型：ゼロ点比例）の計算**

次の場合のデータのグラフを描画し，ゼロ点比例のSN比（真数，デシベル値）を計算せよ．

(1)　直交するデータの場合

ノイズ因子 N	入力信号 M			
	M_1	M_2	M_3	M_4
	5	10	15	20
N_1	28	61	92	116
N_2	19	39	60	77

(2)　繰り返しがある場合

ノイズ因子 N	繰り返し	入力信号 M				
		M_1	M_2	M_3	M_4	M_5
		10	20	30	40	50
N_1	サンプル 1	12.4	24.0	38.7	44.4	53.6
	サンプル 2	11.3	23.8	37.9	43.1	52.7
N_2	サンプル 1	9.2	18.3	26.9	40.1	43.8
	サンプル 2	9.1	18.0	26.6	34.7	42.3

(3)　標示因子がある場合

標示因子 P	ノイズ因子 N	入力信号 M				
		M_1	M_2	M_3	M_4	M_5
		100	200	300	400	500
P_1	N_1	109	227	345		
	N_2	88	180	251		
P_2	N_1	61	118	174	243	299
	N_2	40	79	132	165	207

(4)　データが直交しない場合

ノイズ因子 N	入力信号 M			
	M_1	M_2	M_3	M_4
	5	10	15	20
N_1	28	61		
N_2	19	39	60	77

2.5　エネルギー比型 SN 比の計算(応用型)

2.5.1　信号の大きさが異なる場合の比較

直交するデータどうしの SN 比の比較において，比較対象間で信号の大きさ(観測点の違い)が異なる場合がある．以下のような場合が想定される．

- 切削技術における電力と加工量の関係のように，入力，出力とも計測値で，値が成り行きで決まるような場合[9]，信号の範囲が比較対象間で異なる．
- 入力信号に時間をとって，処理(動作)完了までデータを取得する場合[10]に，比較対象間で時間(信号)範囲が異なる．
- MT(マハラノビス・タグチ)システムにおいて，推定精度をSN比で評価する際に，データセット間で信号の範囲・大きさが異なる[11]．

詳しくは**第3章**にて述べるが，エネルギー比型SN比を使用した場合，このように比較対象間で入力信号の大きさが異なる場合でも，それを気にすることなく比較することができる．言い換えれば，入力信号の大きさによってSN比が有利になったり不利になったりすることがない．

例題2.6　入力信号の大きさが異なる場合のエネルギー比型SN比の比較

異なる2種類の光源の機能の安定性を比較したデータを**表2.9**，**図2.13**に示す．定格が異なるため入力信号である電力の範囲が異なる(A社製は40 W，B社製は400 W定格)．光源を製品(たとえば，液晶のバックライトなど)に組

表2.9　光源の電流−輝度値評価データ

A社製光源輝度値[cd/m^2]

ノイズ因子	電力[W]	10	20	30	40
初期 N_1	サンプル1	162	314	440	577
	サンプル2	157	300	425	539
劣化後 N_2	サンプル1	110	215	319	401
	サンプル2	125	203	292	364

B社製光源輝度値[cd/m^2]

ノイズ因子	電力[W]	100	200	300	400
初期 N_1	サンプル1	1609	2644	3886	5290
	サンプル2	1530	2518	3723	4997
劣化後 N_2	サンプル1	1526	2500	3608	4725
	サンプル2	1504	2411	3580	4627

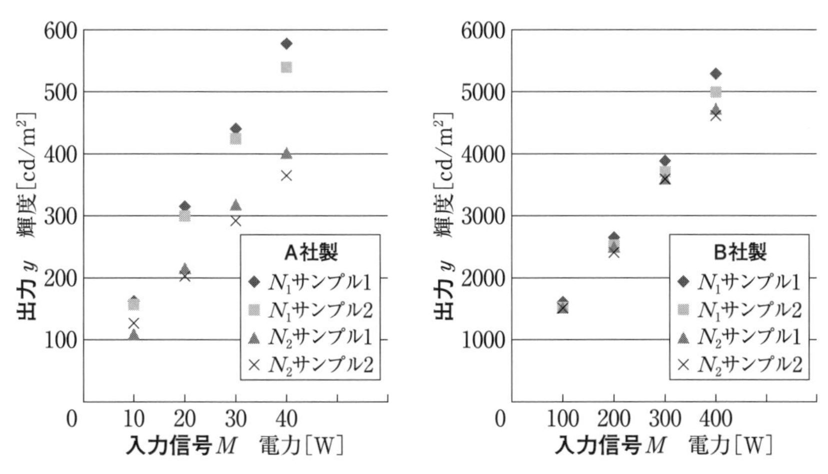

注)　グラフのスケールが左右で異なることに注意.

図 2.13　光源の電流−輝度値グラフ

み込むときは，光源を複数組み合わせて，所望の明るさを得るため，異なる定格の光源が比較対象として選ばれるというケースである.

これらの A 社製，B 社製の光源の機能の安定性を SN 比で比較する．A 社製，B 社製ともデータが直交しており，繰り返しがある場合で，**2.3.2(2)項**と同じデータ形式である．入力信号(電流)の大きさは異なるが，より入出力の変換係数(傾き)が安定な，すなわち SN 比の大きい光源を選ぶことが目的となる.

以下，計算結果のみ示すので，トレースしてみてほしい.

【A 社製の SN 比の計算】

- 全変動成分　　$S_T = 1\,832\,645$
- 有効除数　　$r = 3\,000$
- ノイズ因子水準ごとの傾き(ノイズ因子水準 N_1，サンプル 1 の傾きを β_{N11} で示す．以下同じ)

$$\beta_{N11} = 14.727$$

$$\beta_{N12} = 13.960$$

$$\beta_{N21} = 10.337$$

$$\beta_{N22} = 9.543$$

- 平均の傾き $\beta_{N0}=12.142$
- 有効成分 $S_\beta=1\,769\,041$
- 有害成分 $S_N=63\,604$
- SN比(真数) $\eta_{E(真数)}=27.813$
- SN比(db) $\eta_{E(\mathrm{db})}=14.44$ (db)

【B社製のSN比の計算】

- 全変動成分 $S_T=186\,399\,106$
- 有効除数 $r=300\,000$
- ノイズ因子水準ごとの傾き(ノイズ因子水準N_1,サンプル1の傾きをβ_{N11}で示す.以下同じ)

$$\beta_{N11}=13.238$$

$$\beta_{N12}=12.574$$

$$\beta_{N21}=12.083$$

$$\beta_{N22}=11.858$$

- 平均の傾き $\beta_{N0}=12.439$
- 有効成分 $S_\beta=185\,659\,539$
- 有害成分 $S_N=739\,567$
- SN比(真数) $\eta_{E(真数)}=251.038$
- SN比(db) $\eta_{E(\mathrm{db})}=24.00$ (db)

A社製よりもB社製のほうが真数で約9倍,デシベル値で約9.6 db良いことになる.これはグラフ上での傾きのばらつきが$1/\sqrt{9}=$約1/3倍であるということである.これはグラフに表示されているイメージと一致する(**図2.13**).このように,エネルギー比型SN比を用いることで,2つの光源の機能性を比較することができる.一見当然のようであるが,**第3章**で再度扱うように,入力信号の大きさが異なっても,そのことを特に気にせずにSN比を比較できるメリットは大きい.

なお,ここで示した例題は,**第3章**で詳しく述べる従来型SN比の問題点を示す際にも使用する.

2.5.2　データ数(信号水準数)が異なる場合の比較

直交するデータどうしのSN比の比較において，比較対象間で**信号の水準数**(観測点の違い)が異なる場合がある．以下のような場合が想定される．

- 入力信号に時間をとって，一定時間間隔でデータを取得する場合[10]に，比較対象間で処理(動作)時間が異なると，データ数が変化する．
- 材料の引張試験で変位を入力，荷重を出力とした場合，工場ごとに変位のサンプリング間隔が異なり，結果としてデータ数が変化する(次の例題2.7のような場合)．
- 品質工学のパターン認識手法であるMT(マハラノビス・タグチ)システムにおいて，推定精度をSN比で評価する際に，データセット間でサンプル数が異なる[11]．
- 転写性の評価において，シミュレーション計算で有限要素法を使用する場合など，比較対象間でモデルのメッシュが異なることで，頂点数が変化することが想定される．これによって信号因子である頂点間の距離の数も変化する．

第3章で詳しく述べるとおり，エネルギー比型SN比を使用した場合，このように比較対象間で入力信号の水準数が異なる場合でも，それを気にすることなく比較することができる．言い換えれば，入力信号の水準数すなわちデータ数によってSN比が有利になったり不利になったりすることはない．

例題2.7　データ数(信号水準数)が異なる場合のエネルギー比型SN比の比較

異なる2種類の引張試験装置にて接合部の機能の安定性(変位–荷重特性の安定性)を比較する場合[12]を考える．この評価では，入力信号(変位)の範囲やノイズ因子の水準(8水準：4サンプルの新品条件と劣化条件)は共通であるが，引張試験装置によって，入力信号である変位の水準間隔が異なっており，信号因子水準数が異なる．その結果両者で，全データ数が異なる．ただし，本例題のSN比の比較検証では同一サンプル・同一試験装置，つまり機能の安定性は変化しない条件において，2つの条件を比較する．ここでは，信号因子水準数

$k=20$ の試験結果と，そこからデータを均等に間引いて $k=5$ としたものを比較することにする．このような比較例としたのは，引張試験は破壊試験のため，同一サンプルを2つの異なる引張試験機でデータ取得することができないためである．実際には試験装置の条件によって入力(変位)の間隔が異なるなどの場合を想定するものである．データを**表2.10**，**図2.14**に示す($k=20$ の場合は全データを使用し，$k=5$ の場合はハッチングのデータを使用．単位は省略してある)．

これらの信号水準数 $k=20$ の場合(全データ使用)と，$k=5$ の場合(表のハッチングのデータを使用)との機能の安定性をSN比で比較する．$k=20$, $k=5$ の場合ともデータが直交しており，**2.3.2(1)**項の繰り返しがない場合と

表2.10　引張試験データ(ノイズ因子8水準，信号因子20水準)

変位	荷重1	荷重2	荷重3	荷重4	荷重5	荷重6	荷重7	荷重8
1	0.559	0.969	0.597	0.816	0.729	1.080	0.718	0.508
2	0.670	1.162	0.717	0.979	0.874	1.296	0.861	0.610
3	0.782	1.356	0.836	1.142	1.020	1.512	1.005	0.712
4	0.894	1.550	0.956	1.306	1.166	1.728	1.148	0.813
5	1.117	1.937	1.195	1.632	1.457	2.160	1.435	1.017
6	1.006	1.743	1.075	1.469	1.311	1.944	1.292	0.915
7	1.232	2.263	1.358	1.936	1.656	2.547	1.579	1.118
8	1.347	2.588	1.522	2.240	1.856	2.934	1.722	1.220
9	1.463	2.914	1.685	2.544	2.055	3.321	1.866	1.322
10	1.578	3.240	1.848	2.848	2.254	3.708	2.009	1.424
11	1.693	3.565	2.012	3.151	2.454	4.095	2.153	1.525
12	1.808	3.891	2.175	3.455	2.653	4.483	2.296	1.627
13	1.923	4.217	2.339	3.759	2.852	4.870	2.440	1.729
14	2.038	4.543	2.502	4.063	3.052	5.257	2.583	1.830
15	2.153	4.868	2.666	4.367	3.251	5.644	2.727	1.932
16	2.268	5.194	2.829	4.671	3.451	6.031	2.870	2.034
17	2.434	5.541	3.067	4.976	3.740	6.383	3.184	2.451
18	2.601	5.889	3.306	5.281	4.029	6.736	3.498	2.868
19	2.767	6.236	3.544	5.586	4.318	7.088	3.812	3.285
20	2.934	6.583	3.782	5.891	4.607	7.440	4.126	3.702

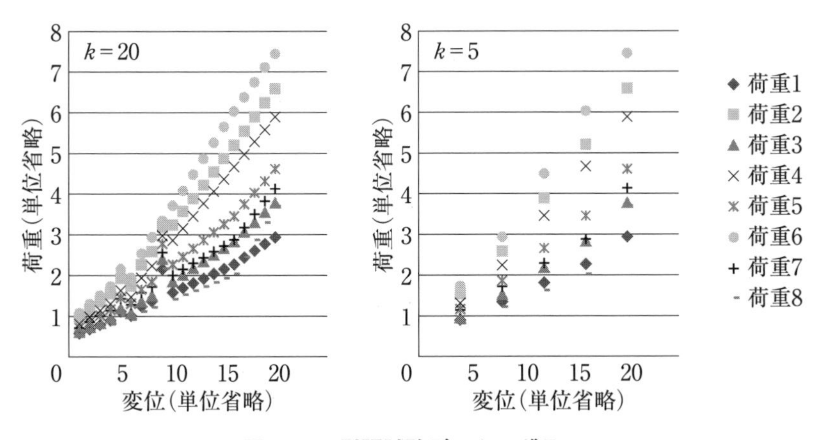

図 2.14　引張試験データのグラフ

同じデータ形式である．入力信号水準数は異なるが，同じサンプルの試験データであるので，入出力の変換係数(傾き)がほとんど変わらないことを確認することが目的となる．

以下，計算結果のみを示すので，トレースしてみてほしい．

【$k=20$ 水準の場合】

- 全変動成分　$S_T = 1\,448.032$
- 有効除数　$r = 2\,870$
- ノイズ因子水準ごとの傾き

$\beta_{N1} = 0.1497$　$\beta_{N2} = 0.3274$

$\beta_{N3} = 0.1846$　$\beta_{N4} = 0.2916$

$\beta_{N5} = 0.2250$　$\beta_{N6} = 0.3749$

$\beta_{N7} = 0.1967$　$\beta_{N8} = 0.1523$

- 平均の傾き　$\beta_{N0} = 0.2378$
- 有効成分　$S_\beta = 1\,298.107$
- 有害成分　$S_N = 149.925$
- SN 比(真数)　$\eta_{(真数)} = 8.658$
- SN 比(db)　$\eta_{(db)} = 9.37$　(db)

【$k=5$ 水準の場合】

- 全変動成分　$S_T=445.4819$
- 有効除数　$r=880$
- ノイズ因子水準ごとの傾き

$$\beta_{N1}=0.1489 \qquad \beta_{N2}=0.3277$$
$$\beta_{N3}=0.1852 \qquad \beta_{N4}=0.2922$$
$$\beta_{N5}=0.2258 \qquad \beta_{N6}=0.3744$$
$$\beta_{N7}=0.1981 \qquad \beta_{N8}=0.1581$$

- 平均の傾き　$\beta_{N0}=0.2388$
- 有効成分　$S_\beta=401.477$
- 有害成分　$S_N=44.005$
- SN比(真数)　$\eta_{E(\text{真数})}=9.123$
- SN比(db)　$\eta_{E(\text{db})}=9.60$　(db)

信号水準数 $k=20$ の場合に比べて $k=5$ の場合は，真数で約1.05倍，デシベル値で約0.23 dbの差となった．これはグラフ上での傾きのばらつきの違いが $1/\sqrt{1.05}=$ 約0.97倍であるということである．つまり，両者の場合で傾きの変化率はほとんど変わらない．

2.5.3　理想状態が非線形な場合(非線形の標準SN比)

ここまでは理想状態がゼロ点比例の場合について，2乗和の分解やSN比の計算方法を述べた．しかし現実には，① 理想状態が n 次関数，指数関数，三角関数などの比例関係でない場合や，② 人工的な入出力の場合(明確な関数で表せない)，③ 過渡現象を計測した場合には，入出力関係は非線形になる．この場合，入出力の直線的な傾きを求めることに意味はなく，不適切である．そこで本項では，このような理想機能が非線形な場合の対応について述べる．

上記 ① 項の場合で理想状態の関数が明確な場合，従来は変数変換によってゼロ点比例式に置き換えて評価を行っていた(**図2.15**)．たとえば，コンデンサーの充電の機能であれば，電圧を印加してからの時間(入力信号)と，コンデンサーの端子電圧(出力)の関係は，指数関数になることが知られていたため，

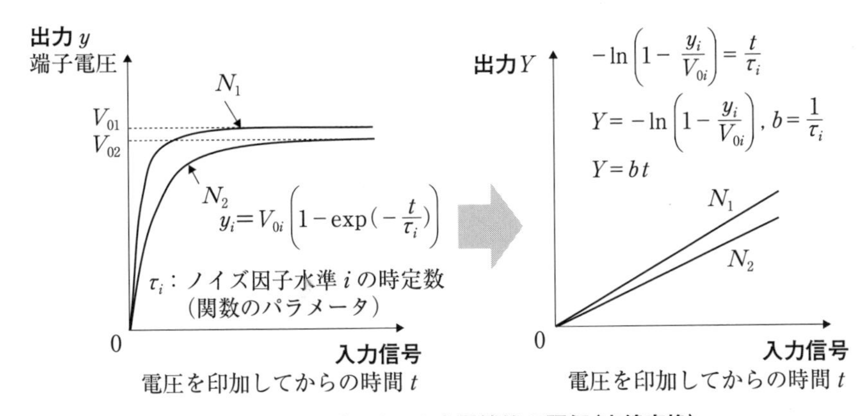

図 2.15　コンデンサーの充電機能の評価（直線変換）

入力と出力の対数をとることで，直線に変換していたのである．しかし，上記 ② ③ **項**の場合のように，理想的な状態が明確な関数で表せない場合も多いため，汎用性のある対応方法が求められていた．

上記 ② **項**の場合の例として，入力をスイッチの押し込み量，出力をスイッチの反力とした場合の例を**図 2.16** に示す．ここで注意しておきたいこととして，得られた標準条件 N_0 の形状（同図の一点鎖線）が，**人工的に決めた理想状態の形状（同図の点線：目標形状）に近いか否かは安定性の問題ではない**という点である．言い換えれば，関数形状の目標形状との差異や，非線形（曲り）の成分は悪さ（有害成分）とは捉えずに，ばらつきのみを SN 比で評価するということである．

一般的な設計手順は次のようになる．まず，標準条件 N_0 の形状を理想に近い形状に設計する．これを機能設計という（同図 ①）．つぎに，機能の安定性を SN 比で評価・改善する．これをロバスト設計という（同図 ②）．その後，標準条件 N_0 の形状（ばらつきを無視した平均的な出力形状）を，理想状態の形状に調整する．これをチューニングという（同図 ③）[15]．

15)　機能設計は自然界にない目標形状を人工的に創作するための設計である（エネルギー的な機能の場合は，感度すなわち効率を上げておくことが機能設計に相当する）．品質工学ではこの部分は扱わない．一般的な設計では機能設計を行いながら目標値へのチューニングを行うことが多い．しかし品質工学では，ばらつきが大きい状態でのチューニングはうまくいかないとして，目標値とはずれていてもよいので，まずばらつきの改善（ロバスト設計）を行ったうえで，チューニングを行うことを勧めている．

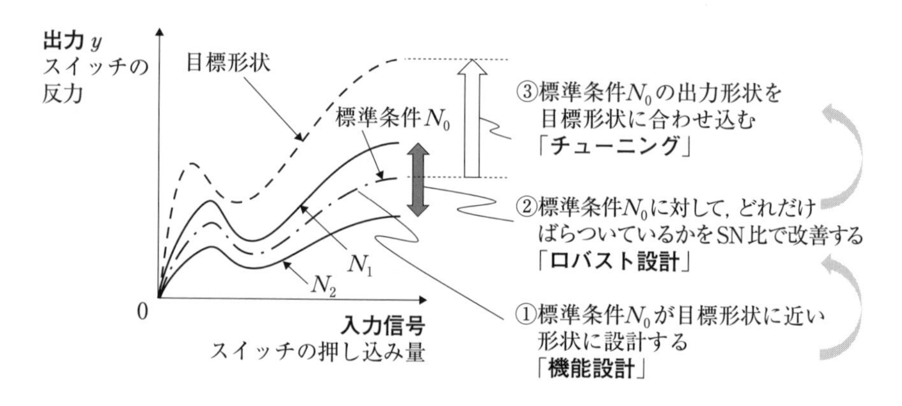

①「機能設計」→②「ロバスト設計(SN比の評価)」→③「チューニング」の順で，評価・設計

図 2.16　SN比では，標準条件の出力に対してのばらつきだけを評価

このような考え方にもとづいて，田口は**非線形の標準SN比**(以下単に標準SN比)を提唱した[13]．これはすなわち非線形機能への対応であると同時に，**①機能設計と②ロバスト設計(SN比の評価)と③チューニングの問題を明確に切り分け，②の問題のみをSN比すなわち品質工学で扱うようにした**のである．②→③の順で設計することを2段階設計というが，標準SN比によって2段階設計がより明確になったのである16)．

つぎに，非線形な機能の場合のSN比の計算方法について述べる．非線形な機能の場合の考え方は，次に述べるある種の座標変換を行うことで，入出力関係をゼロ点比例の関係に置き換えるものである．具体的には，横軸に標準条件 N_0 のときの出力(多くは出力の平均値)をとり，縦軸に出力 y をプロットする．こうすることで，与えられた非線形なデータは標準条件 N_0 の出力(グラフ上では傾き1の比例直線になる)の周りにばらつくことになる(**図 2.17**)．この形に変換できれば，この後の2乗和の分解およびSN比の計算は **2.3.3 項**および

16)　ゼロ点比例SN比の有害成分のなかには，理想状態である直線性からのずれ(非線形成分)と，ノイズ因子水準の違いによる変動の両方が含まれていた．すなわち，SN比の改善はノイズ因子の影響を小さくするだけでなく，直線に近づけることも同時に含まれていたのである．一方，非線形な機能の場合は，前者の非線形成分は有害成分として含めない．そのため，有害成分はノイズ因子による影響が主となる．これによって，安定性の問題(SN比の評価と改善)と，目標形状に近づける問題(チューニング)が明確に切り分けられ，完全な2段階設計の適用が可能となる[13][14]．

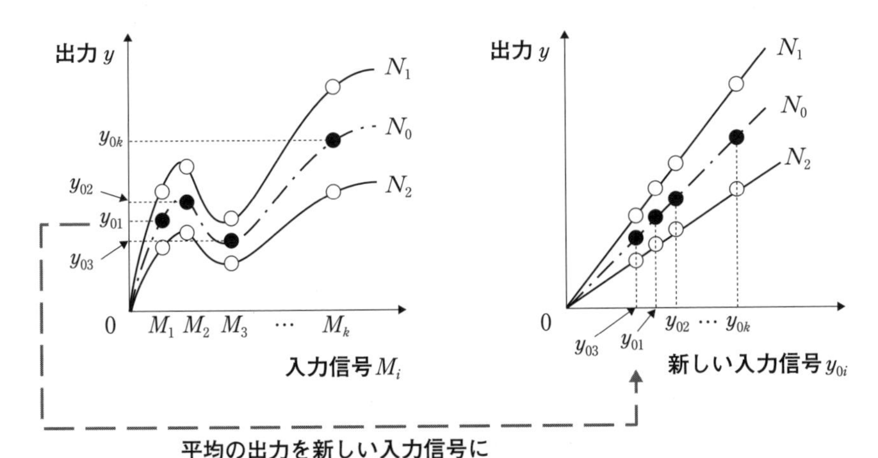

図 2.17　非線形な関数をゼロ点比例の関係に変換

2.4 節と同じ手順となることが理解できる.

ただし，標準条件 N_0 の出力 y_{01}，y_{02}，…，y_{0k} を出力の平均値で求めるには，ノイズ因子水準ごとに信号因子の水準値が揃っている必要がある.

以下，例題を用いて計算の手順を確認する.

例題 2.8　**理想状態が非線形な場合のエネルギー比型 SN 比の計算**

押しボタンスイッチは，お客様の操作感を得るため，**図 2.16** で示したような，入力をスイッチの押し込み量，出力をスイッチの反力として，N 字型のカーブに設計される．入力信号を 18 水準とって，ノイズ因子を 4 水準で与えたときのデータを**表 2.11**，**図 2.18** に示す(単位省略)．また，比較のため入力信号を半分の 9 水準(第 2，4，6，…，18 水準)使用した場合も比較のため計算する(**表 2.11** のハッチングのデータを使用)．なお，標準条件 N_0 の出力は計算してある．たとえば，入力信号の第 1 水準では以下のようになる.

$$y_{01} = (0.886 + 1.296 + 0.925 + 1.143)/4 = 1.062$$

2 乗和の分解は，標準条件 N_0 の出力を新しい入力信号 M_1'，M_2'，…，M_k' と考えて計算する．以下，エネルギー比型 SN 比までの計算結果を示す.

表2.11　スイッチの押し込み量–反力特性データのグラフ(単位省略)

	スイッチの反力				
押し込み量	N_1	N_2	N_3	N_4	標準条件 y_{0i}
1	0.886	1.296	0.925	1.143	1.062
2	1.289	1.781	1.335	1.598	1.501
3	1.624	2.197	1.678	1.984	1.871
4	1.866	2.522	1.928	2.278	2.148
5	2.113	2.933	2.190	2.627	2.466
6	1.915	2.653	1.985	2.378	2.233
7	1.956	2.986	2.081	2.659	2.420
8	1.805	3.046	1.979	2.697	2.382
9	1.604	3.055	1.826	2.685	2.292
10	1.387	3.049	1.658	2.657	2.188
11	1.191	3.064	1.511	2.650	2.104
12	1.051	3.134	1.419	2.699	2.076
13	0.994	3.288	1.410	2.830	2.130
14	1.039	3.544	1.503	3.064	2.287
15	1.194	3.909	1.707	3.408	2.554
16	1.454	4.381	2.016	3.858	2.927
17	1.856	4.963	2.489	4.398	3.426
18	2.321	5.609	3.026	5.001	3.990

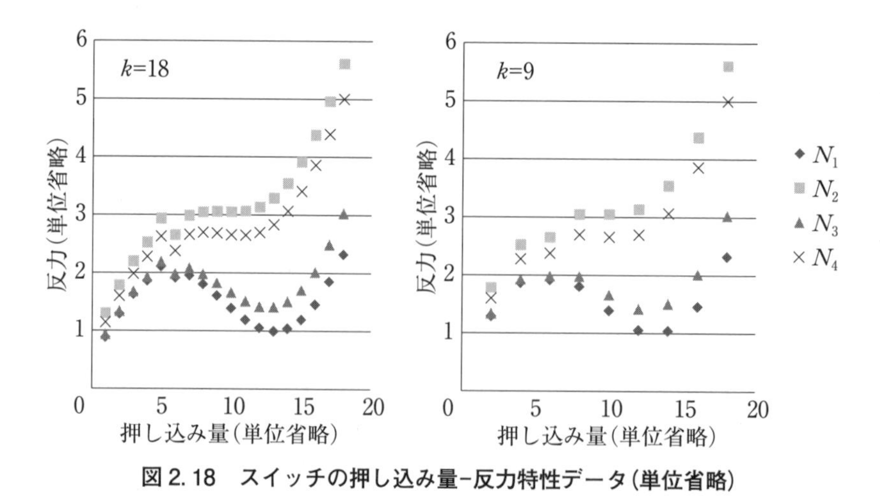

図2.18　スイッチの押し込み量–反力特性データ(単位省略)

【$k = 18$ のデータの場合】

- 全変動成分　$S_T = 466.6955$
- 有効除数　$r = 105.3879$
- ノイズ因子水準ごとの傾き

$$\beta_{N1} = 0.6382$$

$$\beta_{N2} = 0.1377$$

$$\beta_{N3} = 0.7694$$

$$\beta_{N4} = 1.2152$$

- 平均の傾き　$\beta_{N0} = 1.0000$

このように，標準条件 N_0 をデータ平均とした場合は，平均の傾きは必ず1になる．これは新しい入力信号に対して，標準条件 N_0 の出力は同じものであるためである．したがって，標準SN比では上記のノイズ因子ごとの傾きを，求める必要がない．$\beta_{N0} = 1$ のため，有効成分 S_β は極めてシンプルに，nr となる．

- 有効成分は　$S_\beta = 4 \times 105.3879 = 421.552$
- 有害成分　$S_N = 45.144$
- SN比(真数)　$\eta_{E\,(真数)} = 9.338$
- SN比(db)　$\eta_{E\,(\mathrm{db})} = 9.70$　(db)

【$k = 9$ のデータの場合】

- 全変動成分　$S_T = 249.7424$
- 有効除数　$r = 56.3342$
- 有効成分　$S_\beta = 4 \times 56.3342 = 225.3367$
- 有害成分　$S_N = 24.406$
- SN比(真数)　$\eta_{E\,(真数)} = 9.233$
- SN比(db)　$\eta_{E\,(\mathrm{db})} = 9.65$　(db)

エネルギー比型SN比では，信号水準数 $k = 18$ の場合に比べて $k = 9$ の場合は，真数で約0.99倍，デシベル値で約−0.05 dbの差となった．つまり，両者の場合で傾きの変化率はほとんど変わらない．このことは同じサンプルで観測点のみを変えた場合にもSN比の変化が起こりにくいことを示す．わずかに生じた差は，どの観測点を選ぶかに依存するものである．

このように，エネルギー比型SN比を用いることで，異なるデータ数の対象で機能性を比較することができる．一見当然のようであるが，**第3章**で再度扱うように，入力信号の水準数(データ数)が異なっても，そのことを特に気にせずにSN比を比較できるメリットは大きい．しかも，後に**3.1.2項**，**3.2.2項**で明らかになるように，このメリットは特に標準SN比の場合で，威力を発揮する．

演習2.2　**エネルギー比型SN比(非線形の標準SN比)の計算**

次の場合のデータのグラフを描画し，ゼロ点比例のSN比(真数，デシベル値)を計算せよ．また，入力(時間)のデータを一つ飛ばし(半数)にした場合，SN比はどのようになるか．

電圧の時間変化データ(単位省略)

	端子電圧				
時間	N_1	N_2	N_3	N_4	**標準条件** y_{0i}
1	2.268	3.895	5.140	5.755	4.264
2	3.893	5.599	6.400	6.558	5.612
3	5.057	6.458	6.889	6.828	6.308
4	5.891	6.936	7.127	6.951	6.727
5	6.489	7.223	7.259	7.018	6.997
6	6.917	7.403	7.339	7.057	7.179
7	7.224	7.521	7.389	7.082	7.304
8	7.444	7.600	7.422	7.098	7.391
9	7.602	7.654	7.445	7.108	7.452
10	7.715	7.692	7.460	7.116	7.496

2.5.4　さまざまな静特性

入力信号がなく，出力のみを評価する場合，このような出力特性を静特性という．従来，静特性は①望小特性(ゼロに近いほどよい)，②望大特性(大きいほどよい)，③望目特性(平均値が大きく，ばらつきが小さいほど良い)，④ゼロ望目特性(ばらつきが小さいほど良い，平均値は気にしない)などに分類されており，別々の計算式が使用されていた．しかし，「2 乗和に分解して，有効成分と有害成分に分け，そらの比をとる」というエネルギー比型 SN 比の考え方によれば，静特性の SN 比を一つに統合できる．すなわち，動特性(ゼロ点比例の SN 比，標準 SN 比)と静特性をすべて単一の原理で説明することができる．

(1)　望小特性の SN 比

特性値 y が非負(ゼロ以上)で，小さいほど良い特性を望小特性という．摩耗量や，騒音，発熱，変形量などの弊害項目であることが多い．ノイズ因子あるいは繰り返しにより，データを y_1，y_2，…，y_n ととったとする．**2.3.1 項**の方法で全変動成分 S_T を平均の成分 S_m とばらつきの成分 S_e に分解する．望小特性では S_m も S_e も小さいほうが望ましいため，いずれも有害成分である．有効成分はないので，便宜上 1 と定義する．有害成分を 1 データ当たりに規準化しておくことで，データ数が異なっても比較が可能である[17]．以下のようになる．

$$\eta_{E\text{望小}} = \frac{1}{(S_m + S_e)/n} = \frac{1}{(S_T/n)} \tag{2.50}$$

(2)　望大特性の SN 比

特性値 y が非負(ゼロ以上)で，その逆数 $1/y$ が小さいほど良い特性を望大特性という．これは y が大きいほど良いことと同じで，引張強度，接着強度，生産高など望ましい特性であることが多い．望大特性の SN 比はその定義から，与えられたデータ y の逆数 $1/y$ を望小特性で評価するというものであるため，望小特性と同一の計算式になる．

---

17)　ゼロ点比例 SN 比や標準 SN 比でも，実は有効成分 S_β と有害成分 S_N は，データ数 nk および平均的な信号の大きさ r/k で規準化しているため，データ数や信号の大きさの影響を受けない．ただし，この規準化が分子分母共通であるため，明記する必要はない．したがって，正しくは各成分を $(nk)\times(r/k)=nr$ で規準化して，$\eta=(S_\beta/nr)/(S_N/nr)$ が本来の表記となる．

(3)　望目特性のSN比

特性値yが非負(ゼロ以上)で，平均値mに対して目標値m_0があり，平均値からのばらつきは小さいほど良い特性を望目特性という．平均値が目標値に近いか否かはSN比に関係ないことに注意する．目標値があるような，電圧，電流，荷重，変位，応力など技術的な特性はほぼ当てはまる．望目特性は動特性において信号水準を一つに固定したものと考えてよい．すなわち，動特性における平均の傾きβは入力を$M=1$としたときの傾きで，これは静特性の平均値に相当する．また，傾きのばらつきは，静特性の平均値周りのばらつきに相当する．

全変動成分S_Tを平均の成分S_mとばらつきの成分S_Nに分解して考えると，望目特性ではS_mは有効成分で大きいほど良く，S_Nは有害成分で小さくなってほしいため，これらをそれぞれ1データ当たりに規準化して，比をとる．このSN比においても，データ数が異なっても比較が可能である．

$$\eta_{E\,\text{望目}}=\frac{S_m/n}{S_N/n}=\frac{S_m}{S_N} \tag{2.51}$$

また，望目特性のエネルギー比型SN比は，動特性のエネルギー比型SN比の1水準版である．1水準の信号の値を1にすれば$\beta=m$となり望目特性のSN比と一致する．これはゼロ点比例のSN比の1水準版であるという整合性をもっている．さらにデータが連続量ではなく，0と1のデジタルデータの場合でも，望目特性のSN比を適用することで，同様にSN比を計算できることを**アドバンスト・ノート3**に示す．

(4)　ゼロ望目特性のSN比

特性値yは正負の値をとり得る場合で，平均値からのばらつきが小さいほど良い特性をゼロ望目特性という．ゼロに近いかどうかはSN比には関係ないので注意する．平均値mは安定であればチューニング(校正)可能と考え，平均値の大きさは安定性の評価に含めない．ゼロ望目特性は平均値がゼロに近く正負の値をとるような特性値で，反り，計測器の誤差，応力(引張と圧縮が共存するような場合)などの弊害項目が当てはまる．平均値mの目標値はゼロであることが多い．

全変動成分S_Tを平均の成分S_mとばらつきの成分S_Nに分解して考えると，

ゼロ望目特性では S_m は有効成分でも有害成分でもない(無効成分)．S_N は有害成分で小さくなってほしいため，これらをそれぞれ1データ当たりに規準化して，有効成分との比をとる．有効成分はないため便宜上1とする．このSN比においても，データ数が異なっても比較が可能である．

$$\eta_{E\,ゼロ望目}=\frac{1}{S_N/n} \tag{2.52}$$

演習 2.3　**エネルギー比型SN比(静特性)の計算**

次の場合のデータのグラフ(数直線)を描画し，静特性のSN比(真数，デシベル値)を計算せよ．

(1)　望小特性

騒音値(単位省略)					
y_1	y_2	y_3	y_4	y_5	y_6
43	45	39	47	42	40

(2)　望大特性

引張強度　(単位省略)							
y_1	y_2	y_3	y_4	y_5	y_6	y_7	y_8
231	193	209	217	221	218	200	215

(3)　望目特性

電圧(単位省略)　目標値＝100							
y_1	y_2	y_3	y_4	y_5	y_6	y_7	y_8
103	97	98	101	105	94	93	99

(4)　ゼロ望目特性

反り量(単位省略)　目標値＝0.0									
y_1	y_2	y_3	y_4	y_5	y_6	y_7	y_8	y_9	y_{10}
1.3	−0.8	1.1	0.2	0.0	−0.5	−0.7	0.1	0.3	−0.5

アドバンスト・ノート3 デジタルの標準SN比

2.5.3 項で非線形の標準SN比を紹介した．本書では省略して標準SN比としているが，実はもう一つ標準SN比を呼ばれているものがあり，これを「**デジタルの標準SN比**」といって区別している(つまり，非線形の標準SN比はアナログの標準SN比ともいえる)．しかし，アナログとデジタルの違いはあっても，いずれも「標準SN比」であることには変わりはない．このことを，エネルギー比型SN比を用いて説明する．そのためには，まずデジタルの標準SN比の理解が必要である．

デジタルの標準SN比には誤りが1種類の場合と2種類の場合がある．扱うデータは1(正常，良品，成功など)と0(異常，不良品，失敗など)だけである．一般には誤りが2種類の場合をデジタルのSN比とよぶことが多いが，後で述べるように2信号は1信号の拡張であるので，デジタルのSN比はまとめてデジタルの標準SN比とよんでも差し支えない．

誤りが1種類の場合のデジタルの標準SN比とは，例えば$n=100$回信号を送信ときに，$r=97$回正しく信号が受信され，$n-r=3$回はノイズやエラーの影響で正しく受信できなかった場合を考える．この場合，誤りは「正しく受信できない」という1種類だけである．この場合の成功率pは0.97となる(製造工程の良品率と同じ考え方だ)．この場合のデジタルのSN比は次式で表される(添字のDはデジタルのSN比，1は誤りが1種類であることを示す)．

$$\eta_{D1}=\frac{p}{1-p} \tag{2.53}$$

先の例では，$\eta_{D1}=0.97/0.03=32.33$，$10\log\eta_{D1}=15.10\,(\mathrm{db})$となる．

分子(有効成分)が成功率p，分母(有害成分)が失敗率$1-p$という非常に簡明な，またエネルギー比型SN比の定義との整合性も高い形をしている．式(2.53)は「pの**オメガ変換**」あるいは「pの**ロジット変換**」ともよばれ，率データ$p=0\sim1$を，$\eta_{D1}=-\infty\sim+\infty$(デシベル表示では$10\log\eta_{D1}=0\sim+\infty\,(\mathrm{db})$)に変換することができる．これによって，SN比の加法性を担保でき，$p=0$付近および$p=1$付近のデータを正しく取り扱えるようになるという利点がある．

さてここで，式(2.53)がエネルギー比型 SN 比から導けることを示しておこう．計算方法は非線形の標準 SN 比(すなわち静特性では望目特性の SN 比)とまったく同様である．全データ数が n で，うち r 個のデータが 1，残り $n-r$ 個のデータが 0 の場合である．1 の割合を $p=r/n$ とする．

全変動成分　$S_T = 1^2 \times r + 0^2 \times (n-r) = r = np$

平均(標準条件)の出力　$y_0 = (1 \times r + 0 \times (n-r))/n = r/n = p$

平均の変動(有効成分)　$S_m = n \cdot y_0^2 = np^2$

誤差の変動(有害成分)　$S_e = S_T - S_m = np - np^2 = np(1-p)$

エネルギー比型 SN 比(デジタル，誤りが 1 種類の場合)

$$\eta_{ED1} = S_m/S_e = np^2/np(1-p) = p/(1-p)$$

このように，エネルギー比型 SN 比ではアナログの数式(非線形の標準 SN 比，望目特性の標準 SN 比)とデジタルの数式(デジタルの標準 SN 比)は一致する．しかし，従来の非線形の標準 SN 比はエネルギー比型 SN 比とは式の形が異なることから，アナログとデジタルの数式は一致しない(近似としては使用できる)．

次に誤りが 2 種類の場合である．たとえば，ある工場内の検査工程で良品と不良品を識別するときに，良品を不良品と識別してしまう誤り E_1(第 1 種の誤り)と，不良品を良品と識別してしまう誤り E_2(第 2 種の誤り)のように 2 種類の誤りがある場合である．この 2 種類の誤り E_1，E_2 の率 $1-p$，$1-q$(正解率 p，q)から検査工程の識別能力を総合的に判断するような SN 比を考える．このケースでは，検査条件(識別の厳しさ)をチューニング(校正)できるために，この 2 種の誤り率 $1-p$，$1-q$ は互いに変化する点が問題を複雑にする．検査条件をどこに設定するか，すなわち p と q の値の組合せのうちどれを選ぶべきかは，2 種類の誤りが発生したときのそれぞれの損失金額から決まることであり，SN 比の問題ではないからである(一般に，不良品を良品と識別して流出させてしまう誤りのほうが損失が大きく，$1-p>1-q$ とすべきである)．そのような，チューニングの条件によらない，対象(計算工程)の安定性を SN 比として求める必要がある．

チューニングを行う場合のデジタルのSN比の必要性が，次に引用するように田口玄一自身によってかなり以前に示されている．

「SN比の計算問題は式(24.27)で解けたと思ったのが著者の大きな誤りであった．式(24.27)には，校正問題すなわちソフトウェアの考慮が欠けていたのである．デジタル系における校正問題の研究を行ない，2種類の誤りがある場合のSN比のより良い計算法は1962年，ベル電話研究所で行なったのが最初である．」[15]

引用中の式(24.27)とは，チューニングを行えない場合の式のことである．その方法では校正問題，つまりここでいう検査の厳しさの調整の問題が考慮されていなかったというのである．チューニングを行える場合の2種類の誤りがある場合のデジタルの標準SN比は，結論だけ示せば以下のとおりである[16]．

$$10\log\eta_{D2}=\frac{1}{2}\left[10\log\left(\frac{p}{1-p}\right)+10\log\left(\frac{q}{1-q}\right)\right]\quad(\mathrm{db})\qquad(2.54)$$

$$=\frac{1}{2}(p\text{ のオメガ変換デシベル値}+q\text{ のオメガ変換デシベル値})$$

なんのことはない．2種類の誤りがある場合のデジタルのSN比は，それぞれの成功率 p，q のオメガ変換のデシベル値の平均をとればよいのである[18]．このことは，1種類の誤りがある場合(式(2.53))のSN比が2種類の誤りがある場合に自然に拡張できることを示している．

以上によって，デジタルの標準SN比(1種類の誤りがある場合，2種類の誤りがある場合)が，エネルギー比型SN比における非線形の標準SN比や望目特性SN比と同一であることが説明できた．

18) SN比のデシベル値には加法性があるので，和や平均をとることができる．パラメータ設計で制御因子の水準ごとにSN比の工程平均を求める場合などで広く用いられている方法である．

第3章 従来の問題点とエネルギー比型SN比による検証

3.1　従来型 SN 比と問題点

本章ではこれまで広く用いられてきた従来型の田口の SN 比について説明し，その性質について議論する．そのうえで，エネルギー比型 SN 比ではそのような性質(問題点)を解決できることを示す．従来型 SN 比との比較でエネルギー比型 SN 比を理解したい読者，品質工学の研究者向けの章である．やや統計的・数理的な内容が多いため，エネルギー比型 SN 比を活用することが主目的の読者は，本章を飛ばしてもかまわない．

詳細な議論に入る前に従来型 SN 比の問題点についてまとめておく．

① 信号範囲(信号の大きさ)が異なる場合に，SN 比を正しく比較できない．
　→ 2.5.1 項のような場合，3.1.1 項で検証

② データ数(信号水準数)が異なる場合に，SN 比を正しく比較できない．
　→ 2.5.2 項のような場合，3.1.2 項で検証

まず議論の対象とする従来型 SN 比について概説する．品質工学における SN 比は，機能の安定性(機能性)の尺度(ものさし)である．お客様の使用条件・使用環境の組合せを模擬した条件(ノイズ因子)を印加した場合に，対象の機能の出力がどれくらいばらつくのか，変動するのかの尺度である(**図 3.1**)．

求めるべき変動の大きさ(ノイズ因子の影響と偶然誤差)は，出力の大きさに比例すると考えて，標準条件の出力 $y=\beta_{N0}M$ からのばらつき σ_N(偏差 2 乗和)を機能の入出力の傾き β_{N0} で割った，式(3.1)で計算される(それぞれ 2 乗

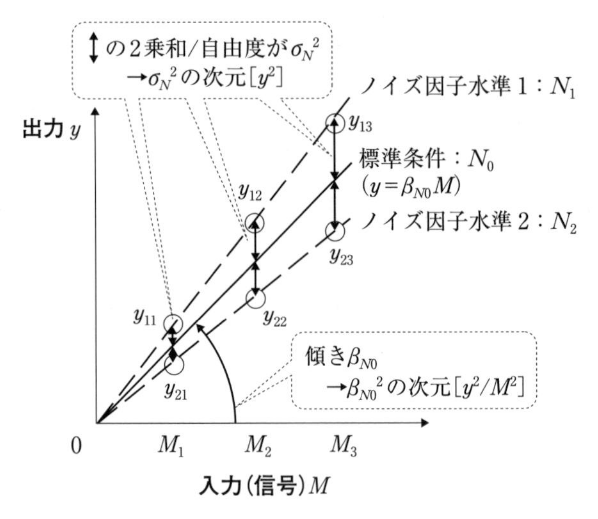

	M_1	M_2	M_3
N_1(ノイズ因子水準1)	y_{11}	y_{12}	y_{13}
N_2(ノイズ因子水準2)	y_{21}	y_{22}	y_{23}
N_0(標準条件)	βM_1	βM_2	βM_3

図3.1　動特性(ゼロ点比例)のデータモデル

で計算される)．このようなSN比は**傾きβを1に校正したときの誤差分散**という当初の計測法の考え方[17]が表れた定義となっている．式(3.1)の分母はβ_{N0}で規準化(校正)されたばらつきの大きさを表したもので，機能の安定性の悪さを示している．そこでこの全体の逆数をとることで，SN比を機能の安定性の良さを表す尺度としている．これが品質工学における，動特性(入力と出力がある場合)のSN比の定義である[18]．このSN比は20世紀末までよく使われたことから，20世紀型SN比ともいうため，添字20Cで示し，**3.1.2項**の標準SN比(添字21C)と区別する．

$$\eta_{20\mathrm{C}}=\frac{1}{\sigma_N{}^2/\beta_{N0}{}^2} \tag{3.1}$$

図3.1のグラフに示すように，ばらつきσ_Nの大きさは傾きβ_{N0}だけでなく，入力信号Mに応じて変わる出力の大きさにも影響を受ける(出力が大きくなるとばらつきも大きくなる)．そのため，入力信号Mの大きさは，**比較対象**

間で揃えておくことを前提としている．

3.1.1　従来型 SN 比の問題点①：信号範囲が異なる場合の問題点

従来型 SN 比

$$\eta_{20C}=\frac{1}{\sigma_N{}^2/\beta_{N0}{}^2}=\frac{\beta_{N0}{}^2}{\sigma_N{}^2} \tag{3.2}$$

の次元を考える．[y]を出力 y の次元(単位)，[M]を入力信号 M の次元で表すと，SN 比の次元は，

$$\frac{[y^2/M^2]}{[y^2]}=[1/M^2] \tag{3.3}$$

である．従来型 SN 比は入力信号 M の -2 乗の次元をもっている[19)]．

したがって，**入力信号 M の大きさが 2 倍になると，SN 比は 1/4 小さく計算されることになる**．機能の安定性の尺度となる傾きの β_{N0} の変化率が同等でも，入力信号 M の大きさ(範囲)によって SN 比の表示値が変わってしまうことは，従来型 SN 比の使用上で留意しなければならない(**図 3.2**)．

3.1.2 項以降に示す問題点も含めて，従来型 SN 比に使用上の留意点がある

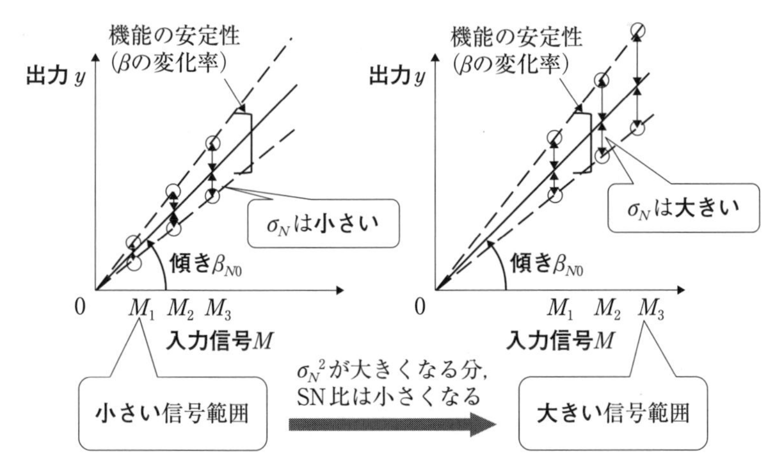

図 3.2　動特性(ゼロ点比例)の SN 比は入力信号大きさの影響を受ける

19)　SN 比は対数をとるこが多いため，SN 比の真数が単位(次元)をもつのは，統計的見地，物理的見地からも好ましくないという問題点も提示されている[19]．

ことはあまり知られていなかった．ところが，比較対象間で入力信号の大きさが異なるなどの場合(そうならざるを得ない場合)に実務上での対処方法は明示されておらず，「技術者が自己責任で考えて対処すべきもの」として，各事例での個別判断にゆだねられていたと考える．

[参考]　従来型のゼロ点比例のSN比の求め方(直交するデータ，標示因子なし)(表3.1)

表3.1　ゼロ点比例のSN比のデータ形式

ノイズ因子 N	入力信号 M			
	M_1	M_2	$\cdots$	M_k
N_1	y_{11}	y_{12}	$\cdots$	y_{1k}
N_2	y_{21}	y_{22}	$\cdots$	y_{2k}
$\vdots$	$\vdots$	$\vdots$	$\vdots$	$\vdots$
N_n	y_{n1}	y_{n2}	$\cdots$	y_{nk}

①　全変動成分

$$S_T=\sum_{i=1}^{n}\sum_{j=1}^{k}y_{ij}^{\ 2}=y_{11}^{\ 2}+y_{12}^{\ 2}+\cdots+y_{nk}^{\ 2} \tag{3.4}$$

②　有効除数

$$r=\sum_{j=1}^{k}M_j^{\ 2}=M_1^{\ 2}+M_2^{\ 2}+\cdots+M_k^{\ 2} \tag{3.5}$$

③　ノイズ因子水準ごとの傾き

$$\begin{cases} \beta_1=\dfrac{\sum_{j=1}^{k}M_jy_{1j}}{r}=\dfrac{M_1y_{11}+M_2y_{12}+\cdots+M_ky_{1k}}{r} \\ \beta_2=\dfrac{\sum_{j=1}^{k}M_jy_{2j}}{r}=\dfrac{M_1y_{21}+M_2y_{22}+\cdots+M_ky_{2k}}{r} \\ \qquad\vdots \\ \beta_n=\dfrac{\sum_{j=1}^{k}M_jy_{nj}}{r}=\dfrac{M_1y_{n1}+M_2y_{n2}+\cdots+M_ky_{nk}}{r} \end{cases} \tag{3.6}$$

④　平均の傾きの変動

$$S_\beta = \sum_{i=1}^{n}\sum_{j=1}^{k}(\beta_{N0}M_j)^2 = nr\beta_{N0}^{\ 2} \tag{3.7}$$

$$\text{ここに，}\ \beta_{N0} = \frac{\beta_{N1}+\beta_{N2}+\cdots+\beta_{Nn}}{n} \tag{3.8}$$

⑤　ノイズ因子による傾きの変動

$$S_{\beta\times N} = \sum_{i=1}^{n}\sum_{j=1}^{k}(\beta_{Ni}M_j - \beta_{N0}M_j)^2 = r\left(\beta_1^2+\beta_2^2+\cdots+\beta_n^2\right)-S_\beta \tag{3.9}$$

⑥　偶然誤差の変動

$$S_e = \sum_{i=1}^{n}\sum_{j=1}^{k}(y_{ij} - \beta_i M_j)^2 = S_T - S_\beta - S_{\beta\times N} \tag{3.10}$$

⑦　偶然誤差の分散

$$V_e = \frac{S_e}{n(k-1)} \tag{3.11}$$

⑧　全体の誤差の分散

$$V_N = \frac{S_e + S_{\beta\times N}}{nk-1} \tag{3.12}$$

⑨　従来型のゼロ点比例の SN 比

$$\eta_{20C\text{真数}} = \frac{\frac{1}{nr}(S_\beta - V_e)}{V_N} \tag{3.13}$$

$$\eta_{20C(db)} = 10\log\frac{\frac{1}{nr}(S_\beta - V_e)}{V_N}\quad \text{(db)} \tag{3.14}$$

上記の計算式からもわかるとおり，従来型の SN 比では直交するデータ，標示因子なしの最も単純なデータ形式の場合においてさえも，V_e を計算するためだけに，式(3.6)および式(3.9)～(3.11)のような計算が必要である[20]．**2.3.3項**で取り上げたような標示因子を含む場合は，それに関する変動の分解が必要であり，さらに複雑になる．

3.1.2　従来型SN比の問題点②：データ数(信号水準数)が異なる場合の問題点

機能の入出力の理想的な関係が，ゼロ点比例でない場合がある．このような場合に，**3.1.1項**のゼロ点比例のSN比を用いると，入出力の非線形の成分(曲りの成分)が有害な成分として評価されてしまう(**図3.3**)．

これに対処したのが，**2.5.3項**で述べた標準SN比(理想状態が非線形な場合のSN比)である．これは，出力の非線形の成分と，ノイズ因子の影響によるばらつきの成分を分離して，後者のみを評価できるようにしたものである．

従来型の標準SN比は式(3.15)で表される(21世紀型SN比ともいわれることから，添字を21Cとする)．ここで，「′」がついた成分は非線形成分分離後であることを示す．また，Sは2乗和(変動)，Vは変動を自由度で割った平均

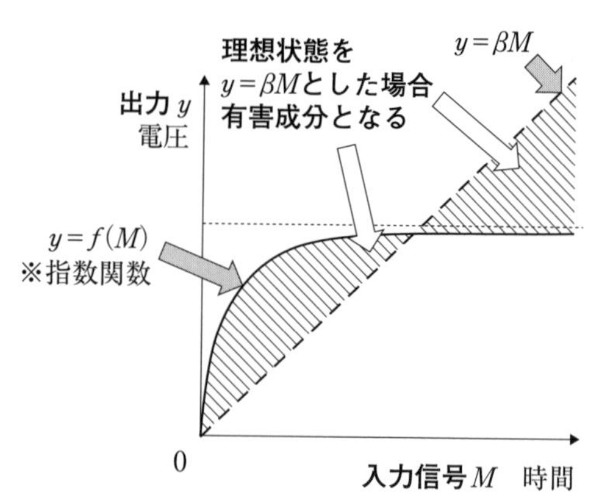

図3.3　非線形な機能をゼロ点比例で評価した悪い例(コンデンサーの充電機能の例)

20)　さらにいえば，式(3.10)のS_eには，非線形の成分$S_{\beta\times M}$や，$S_{\beta\times M\times N}$なる3次の交互作用の成分が含まれているため，正確には偶然誤差ではない．正確に偶然誤差としてS_eを求めるためには，さらにこれらの分解も行わなければならない．アドバンスト・ノート5も参照のこと．

平方(分散)を示す．n はノイズ因子の水準数，k は信号因子の水準数，$\overline{M'^2}$ は非線形成分分離後の入力信号 M' の各水準値の2乗の平均値(平均的な信号の大きさ)である．$k\cdot\overline{M'^2}$ は，有効除数 r' と同じである．

$$\eta_{21C}=\frac{1}{\sigma_N{}'^2/\beta_{N0}{}'^2}=\frac{\beta_{N0}{}'^2}{\sigma_N{}'^2}=\frac{(S_\beta{}'-V_e{}')/nk\overline{M'^2}}{V_N{}'/nk\overline{M'^2}} \tag{3.15}$$

式(3.15)の第4式の分子は，単位データ数(nk)，単位入力量($\overline{M'^2}$)当たりの平均的な出力の大きさ($S_\beta{}'-V_e{}'$)を示し，分母は単位入力量当たりのばらつきの大きさ($V_N{}'$)を示している．$-V_e{}'$ の部分の要否については**アドバンスト・ノート4**で議論する[21]．

さらに式(3.15)の第4式の分母の $V_N{}'$ を2乗和/自由度の形で書くと，以下のようになる．

$$\eta_{21C}=\frac{(S_\beta{}'-V_e{}')/nk\overline{M'^2}}{S_N{}'/(nk-1)/nk\overline{M'^2}}=\frac{S_\beta{}'-V_e{}'}{S_N{}'}\cdot(nk-1) \tag{3.16}$$

式(3.16)の第3式の第1項$(S_\beta{}'-V_e{}')/S_N{}'$ は，平均的な出力の大きさ($S_\beta{}'-V_e{}'$)と出力のばらつきの大きさ($S_N{}'$)の比になっており，仮に非常に小さい $-V_e{}'$ の部分を除けば，エネルギー比型SN比と同じ形をしている．第1項の次元は，$[y^2]/[y^2]=1$，すなわち無次元である．第2項の($nk-1$)は，nk が全データ数なので次元をもたないが，標準SN比がデータ数-1($S_N{}'$ の自由度)に比例することがわかる．したがって，**データ数 nk が2倍になると，SN比は約2倍大きく計算される**ことになる．機能の安定性の尺度となるばらつき σ_N の変化率が同等でも，SN比の計算値が，全データ数 nk によって変わってしまうことは，従来の標準SN比を使用するうえで留意しておかなければならない．

[参考]　従来の標準SN比の求め方(直交するデータ，標示因子なしの場合)(表3.2)

注)　ここでは非線形成分分離後を示す「′」は省略する．

---

21)　$-V_e{}'$ は $\beta_{N0}{}'^2$ を推定するために $S_\beta{}'$ に行う伝統的な補正方法である．本項の議論(信号水準数の違いによる影響)には直接関係しないので，とりあえず無視しておいてもよい．

表3.2　標準SN比のデータ形式

ノイズ因子 N	入力信号 M			
	M_1	M_2	$\cdots$	M_k
N_1	y_{11}	y_{12}	$\cdots$	y_{1k}
N_2	y_{21}	y_{22}	$\cdots$	y_{2k}
$\vdots$	$\vdots$	$\vdots$	$\vdots$	$\vdots$
N_n	y_{n1}	y_{n2}	$\cdots$	y_{nk}
N_0	y_{01}	y_{02}	$\cdots$	y_{0k}

標準条件 N_0 の出力(平均値の場合)，すなわち新しい信号

$$y_{0j}=\frac{\sum_{i=1}^{n}y_{ij}}{n}=\frac{y_{1j}+y_{2j}+\cdots+y_{nj}}{n}\qquad (j=1,\ 2,\cdots,\ k) \tag{3.17}$$

全変動成分

$$S_T=\sum_{i=1}^{n}\sum_{j=1}^{k}y_{ij}^2=y_{11}^2+y_{12}^2+\cdots+y_{nk}^2 \tag{3.18}$$

有効除数(信号を標準条件 N_0 の出力とする)

$$r=\sum_{j=1}^{k}y_{0j}^2=y_{01}^2+y_{02}^2+\cdots+y_{0k}^2 \tag{3.19}$$

ノイズ因子水準ごとの傾き

$$\begin{cases}\beta_{N1}=\dfrac{y_{01}y_{11}+y_{02}y_{12}+\cdots+y_{0k}y_{1k}}{r}\\ \beta_{N2}=\dfrac{y_{01}y_{21}+y_{02}y_{22}+\cdots+y_{0k}y_{2k}}{r}\\ \qquad\vdots\\ \beta_{Nn}=\dfrac{y_{01}y_{n1}+y_{02}y_{n2}+\cdots+y_{0k}y_{nk}}{r}\end{cases} \tag{3.20}$$

平均の傾きの変動

$$S_\beta=\sum_{i=1}^{n}\sum_{j=1}^{k}(\beta_{N0}y_{0j})^2=nr\beta_{N0}^2 \tag{3.21}$$

ここに，$\beta_{N0} = \dfrac{\beta_{N1} + \beta_{N2} + \cdots + \beta_{Nn}}{n}$　(3.22)

（y_{0j} を出力の平均値とした場合は $\beta_{N0} = 1$ となる）

ノイズ因子による傾きの変動

$$S_{\beta \times N} = \sum_{i=1}^{n} \sum_{j=1}^{k} (\beta_{Ni} y_{0j} - \beta_{N0} y_{0j})^2 = r\left(\beta_{N1}^{\ 2} + \beta_{N2}^{\ 2} + \cdots + \beta_{Nn}^{\ 2}\right) - S_\beta \quad (3.23)$$

偶然誤差の変動

$$S_e = \sum_{i=1}^{n} \sum_{j=1}^{k} (y_{ij} - \beta_{Ni} y_{0j})^2 = S_T - S_\beta - S_{\beta \times N} \quad (3.24)$$

偶然誤差の分散

$$V_e = \frac{S_e}{n(k-1)} \quad (3.25)$$

全体の誤差の分散

$$V_N = \frac{S_e + S_{\beta \times N}}{nk - 1} \quad (3.26)$$

従来型の標準 SN 比

$$\eta_{21C\text{真数}} = \frac{(S_\beta - V_e)/nr}{V_N/nr} = \frac{S_\beta - V_e}{V_N} \quad (3.27)$$

$$\eta_{21C(\mathrm{db})} = 10 \log \frac{S_\beta - V_e}{V_N} \quad (\mathrm{db}) \quad (3.28)$$

ゼロ点比例の SN 比の場合と異なり，標準 SN 比の分母の V_N に対しても nr（データ数×信号の大きさ）で割る．これにより，結果として分子および分母の nr は消える．従来型の SN 比では，ゼロ点比例の SN 比と標準 SN 比の式の形が異なるので，ケースバイケースで使い分けなければならない．

アドバンスト・ノート4　分子の $-V_e$ の補正を行わない理由

本節で示したように，従来型の動特性のSN比の分子は$(S_\beta - V_e)$という形をしている．この V_e は偶然誤差の分散と**よばれる**ものである(あとで述べるように，$S_e = S_T - S_\beta - S_{\beta\times N}$ から求めた V_e は偶然誤差そのものの分散ではない)．$-V_e$ の項は $(S_\beta - V_e)/nr$ を，${\beta_{N0}}^2$ の期待値(推定値)として求めるための統計的な補正である．一方，エネルギー比型SN比の分母は S_β(正確には S_β/nr)であり，$-V_e$ の項がない．そこでここでは，SN比をより深く知りたい読者向けにSN比計算における $-V_e$ の補正項が必要ない理由について議論する．実務的には，**理由④だけ**で理解いただければ十分である．

なお，従来型の静特性(望目特性)の場合も分子は$(S_m - V_e)$という形をしており，ほぼ同様の議論が成り立つ．**3.3節**の脚注31)も参照のこと．

従来型SN比で $-V_e$ の補正を行っている理由

従来型SN比の計算方法では，${\beta_{N0}}^2$ を観測値ではなく期待値(繰り返したくさんのサンプルを観測したときの無限母集団に対する推定値)で計算する．動特性の場合では，SN比の分子である ${\beta_{N0}}^2$ を推定するのに，

$$E(S_\beta) = nr{\beta_{N0}}^2 + {\sigma_e}^2$$

$$E(V_e) = {\sigma_e}^2$$

の関係から，

$$E\left({\beta_{N0}}^2\right) = (S_\beta - V_e)/nr$$

と定義している．ここに$E(\quad)$は期待値を表す記号であり，σ_e^2 は偶然誤差の期待値である．$E(S_\beta)$ には1つ分の σ_e^2 が含まれることと，**観測された V_e は偶然誤差であることを仮定**していることに注意する．

エネルギー比型SN比で $-V_e$ の補正を行わない理由

理由①：意図的に大きなノイズ因子を与えているので，データを**記述統**

計[22]として扱うべきである

まず最も重要な理由について述べる．品質工学における機能性評価では，評価者が決定したノイズ因子を意図的・人工的・強制的に大きく与えている．これは系統的な誤差であり，偶然誤差ではない．

品質工学ではノイズ因子を導入したことで，繰り返しやランダマイズといった実験計画法で推奨されるような偶然誤差をつくり出す方法を排除して実験のさらなる効率化を実現したが，従来型の SN 比の計算には一部に**推測統計**的な部分が残っている[23]．

このことについて筆者は，2008 年 6 月にエネルギー比型 SN 比を初めて発表した際に，以下のように述べた．

「誤差因子[24]を考えることで，技術者が評価空間の中に母集団を導入したことになり，エネルギー比型 SN 比はその母集団に対する記述であることを明らかにした．〈中略〉品質工学では評価の効率性を重視しており，それが方法論に反映されている．その一つが能動的で強い誤差因子を導入してその水準間の差や平均をそのまま認めるという記述的な立場であり，それはエネルギー比型 SN 比の計算方法と整合する．」[20]

これと同様のことが，ほぼ同時期の 2008 年 8 月に発刊された椿・河村の著書で以下のように述べられている．

「タグチメソッドにおけるばらつきは，原則として確率的変動では

22)　収集したデータ全体の示す傾向や性質を明らかにするために，平均値や分散などで要約する方法を記述統計という．これに対して，一部のサンプル（標本）から全体（母集団）の傾向や性質を推測する方法を推測統計という．従来の SN 比では，実験データを仮想的な母集団からのサンプリングと考え，V_e を偶然誤差とすることで，$(S_\beta - V_e)/nr$ を $\beta_{N0}{}^2$ の期待値（母集団における $\beta_{N0}{}^2$ の推定値）として求めている．これは推測統計の考え方にもとづくものである．

23)　田口はもともと実験計画法の大家であり，ここから品質工学（パラメータ設計など）が発展したことから，式(3.14)や式(3.28)のような SN 比の計算式のなかに色濃く実験計画法，すなわち推測統計学の考え方が残っているものと考えられる．

24)　本書では「ノイズ因子」に統一している．

なく，系統誤差によって意図的に生み出されるもので，実験室内では技術者が支配できるものである．」[21]

「タグチメソッドでは，誤差因子を意図的に導入することで，自然変動している誤差因子に起因する偶然変動 ε は，無視できるべきものとしている．これが，タグチメソッドが記述統計的立場に徹しているということの真意である．」[22]

また，意外に思われるかもしれないが，田口自身も，

「2次形式論を採用すれば数理統計学25)を必要としないことになる．そうすればデータに偶然性はなくてもよい．〈中略〉タグチメソッドでは，数理統計を排除してしまった」[23]

「品質工学の基礎であるSN比は，記述統計学の仲間である．〈中略〉機能のばらつきはノイズ〈中略〉によるもので偶然とは関係がない．」[24]

と述べている．筆者はSN比の計算ではデータを記述統計的に扱うことこそが，品質工学の理論体系に一貫性をもたらすものと考えている．つまり，**理由①**を根拠とすれば，「$-V_e$ はなくてもよい」のではなく「**$-V_e$ はないほうがよい**」と考える．

理由②：V_e は偶然誤差ではない

$\beta_{N0}{}^2$ の期待値を求めるためには，S_β に含まれている偶然誤差成分 σ_e^2 を補正すべきというのが，従来型SN比の推測統計的な立場である．この場合では，補正する σ_e^2 は偶然誤差でなければならない．では，従来型SN比を計算するときに出てくる V_e は偶然誤差 σ_e^2 としてよいのであろうか．最も単純な，入力信号 M とノイズ因子 N の2元配置で，出力はゼロ点比例を理想とするケースを考える．

25)　本書では「推測統計学」に統一している．

このとき，従来型SN比で偶然誤差変動を求める計算は $S_e = S_T - S_\beta - S_{\beta \times N}$ としているので，計算された $V_e\ (= S_e/f_e = S_e/n\,(k-1)$，$f_e$ は S_e の自由度．自由度については**アドバンスト・ノート5**を参照のこと)のなかには分解していない成分，すなわち傾きの非線形の成分 $V_{\beta \times M}$ や，高次の交互作用成分 $V_{\beta \times M \times N}$ が含まれており，V_e は偶然誤差成分 σ_e^2 そのものとはいえないのである．さらに，品質工学では実験計画法で必ず行うようなランダマイズも繰り返しもとらないため，すべての成分を分解して残差として V_e を求めようとしても求まらない．この2点の理由から，V_e は偶然誤差分散と仮定することは難しい．したがって，偶然誤差でない偶然誤差分散よりも大きな値で補正することになり，これは適切でない．実際，偶然誤差でない V_e を S_β から引くことで，$S_\beta - V_e$ が負になるという，辻褄が合わないことが発生することがある．これについては**理由**⑦で再度述べる．

理由③：$-V_e$ の補正方法自体が妥当ではない

いくらか譲って，V_e が偶然誤差を表しているとしよう(実際，パラメータ設計でも繰り返しやランダマイズを行い，すべての交互作用成分を分解すれば偶然誤差成分を抽出することは技術的に可能である)．その場合であっても，従来型のSN比 $(S_\beta - V_e)/nr/V_N$ は，従来型のSN比の定義 β_{N0}^2/σ_N^2 の妥当な推定にはなっていないのである．このことは宮川[25]に詳しい．結論のみを簡潔に示せば，$(S_\beta - V_e)/nr$ は $\beta_{N0}{}^2$ の，V_N は $\sigma_N{}^2$ の，それぞれ不偏推定量[26)]になっているが，それらの比である $(S_\beta - V_e)/nr/V_N$ は，推定したい $\beta_{N0}^2/\sigma_N{}^2$ の不偏推定量にはなっていない．平たく言えば，複雑な計算を労して厳密には正しくない推定を行っているのである．宮川は $-V_e$ による補正を「小手先の補正でしかない」と切り捨てている．

もし，以上の**理由**①～③が理解できなくとも，まったく問題はない．以下の理由だけで実務的には十分である．

26)　推定量の偏りがゼロとなる推定量(JIS Z 8101-1)．宮川の言葉を借りれば，「平均的に大きめにも小さめにも推定しない性質」．

理由④：V_e の値は非常に小さい

次は経済的な理由である．健常な事例では，引く数 V_e の大きさは，引かれる数 S_β よりもきわめて小さい値である．したがって，V_e を求める労力を費やしたり，計算間違いのリスクを冒してまで，$-V_e$ の補正にこだわる必要はない．

論より証拠である．『品質工学』誌 Vol. 9 ～ 16[27)]の報文を対象に，数値例があり，動特性で機能性評価またはパラメータ設計を行っている事例すべて(141件)について，S_β と V_e の比を調査した．標準SN比が40事例，ゼロ点比例のSN比が101事例であった．ゼロ点比例のSN比における V_e のなかには非線形成分が含まれている．したがって，これらは偶然誤差よりもかなり大きな値になっていること(すなわち今回の「V_e は小さいことを調査」するうえでは不利な条件であること)を承知のうえで，まず全141事例の平均値で評価した．その場合，V_e と S_β の比の平均は0.003(0.3%)であった．V_e のなかに非線形成分を含まない標準SN比だけに限れば，V_e と S_β の比の平均は0.0003(0.03%)であった．

従来型のSN比を使用すると，入力信号の大きさや水準数によって何倍もSN比が変化することに比べると，V_e は考慮に値しない微々たる量である．

理由⑤：比較(利得)を考えれば偶然誤差の差はさらに小さい

SN比の値は単独で用いられることはほとんどない．対象間の比較や，水準間の比較など，相対比較における差(利得)で論じる．その場合，**理由③**で述べた非常に小さい V_e のさらに差を議論することになる．このような微差が，比較対象や水準の選択の間違いを招くことはありえないし，パラメータ設計における再現性に影響を与えることも考えられない．

理由⑥：計算が複雑，学習者にとって理解が難しい

全変動成分を2乗和に分解して V_e を計算するためには，複雑な交互作

---

27)　この範囲は，たまたま筆者が所蔵していた最も古い号(Vol. 9)からエネルギー比型SN比発表前(2008年)までということで，恣意性はない．

用の計算を行う必要がある．標示因子などの要因が増えれば，それだけ計算は複雑になるし，間違いも多くなる(実際，間違えている事例も多い)．昨今，SN 比はデータを入れれば自動計算されるツールもあるので，手間や間違いの点では問題は少ないかもしれない．しかし，使用しようとしている SN 比の意味を知ろうとすると，従来型 SN 比は統計の知識なしには理解できない．また，これは教育・推進する側にとっても頭の痛い問題である．この部分で立ち止まってしまい，肝心の品質工学の活用が阻害されてしまうのは，本末転倒である．

さらに，特に MT システム[28]で用いる SN 比の場合で以下のような問題点も挙げることができる．

理由⑦：T 法の特徴項目の寄与度 η の計算で $(S_\beta - V_e) < 0$ となる場合がある

これは**理由**④と矛盾するようだが，MT システムの T 法における T 法の特徴項目ごとの寄与度を表す SN 比 η では V_e が大きく，頻繁に $(S_\beta - V_e) < 0$($\eta_{真数} < 0$)となる．T 法では，$\eta_{真数} < 0$ となる項目は使用しないという例外処理を行っている．ところが，特に出力値が 0，1 というような 2 値データの場合には，特徴項目と真値の相関係数が有意(すなわち傾きの情報に意味がある)にもかかわらず，η が負になる(その項目の寄与がないと判断する)ケースがある．このことは，判別や予測に有効かもしれない特徴項目をみすみす捨ててしまうことにつながる．

なお，誤解がないように付け加えると，エネルギー比型 SN 比では計測誤差のような偶然誤差 V_e の評価を無視しているわけではない．偶然誤差の悪さ成分は，分母の S_N $(= S_{\beta \times N} + S_e)$ のなかに偶然誤差相当 S_e の一部として含まれている．エネルギー比型 SN 比では「有効成分の $-V_e$ の補

28) マハラノビス・タグチ・システム．品質工学の方法論の一つで，パターン認識による診断や予測を行う方法．どれだけの判別・予測精度が得られたかを SN 比を用いて評価する．また，T 法と呼ばれる MT システムの 1 手法では，判別・予測に用いる特徴項目ごとに，判別・予測にどれだけ役立つか(寄与するか)を評価するのにも SN 比を用いる．

正を行わない」ということを提案しており，「偶然誤差相当をSN比で評価に含めない」とは述べていないことに留意いただきたい．

以上長々と，従来型SN比で行われている$-V_e$の補正の是非について述べた．これはエネルギー比型SN比の理論的根拠と実務的優位性を明らかにするためである．さらに一般には，必要性の証明よりも不必要性の証明のほうが困難と思われる(有力な必要理由が一つあれば覆るため)．そのため，このアドバンスト・ノートでは多くの理由を並べて，「$-V_e$補正の不必要性」を説明せざるを得なかったわけである．「オッカムの剃刀[29]」から類推するならば，同等以上の効用が認められるときには，単純なほうが便利であるし，理解しやすい．また，エネルギー比型SN比のような単純な形であらゆる現実の機能の安定性が評価できることは，個人的にはエレガントと感じる．エネルギー比型SN比の場合，従来型SN比の問題点を豊富に解決するのであるから，単に計算が簡単になったといった「手間のレベルの改善」ではないことが理解されると思う．

3.2　エネルギー比型SN比で解決される問題点の検証

3.2.1　問題点①(信号範囲が異なる場合)に対する検証

2.5.1項の**例題2.6**でエネルギー比型SN比を計算した事例を用いて，従来型のゼロ点比例SN比を計算する．

例題3.1　**信号の大きさが異なる場合のSN比の比較(従来型ゼロ点比例SN比，エネルギー比型SN比)**(**例題2.6**の一部を再掲)

異なる2種類の光源の機能の安定性を比較したデータを**表3.3**，**図3.4**に示す．定格が異なるため入力信号である電力の範囲が異なる(A社製は40 W，B

29)　哲学者オッカムによる「ある事柄を説明するためには，必要以上に多くを仮定するべきでない」とする指針．

表 3.3 光源の電流−輝度値評価データ(表 2.9 の再掲)

A 社製光源輝度値[cd/m²]

ノイズ因子	電力[W]	10	20	30	40
初期 N_1	サンプル 1	162	314	440	577
	サンプル 2	157	300	425	539
劣化後 N_2	サンプル 1	110	215	319	401
	サンプル 2	125	203	292	364

B 社製光源輝度値[cd/m²]

ノイズ因子	電力[W]	100	200	300	400
初期 N_1	サンプル 1	1609	2644	3886	5290
	サンプル 2	1530	2518	3723	4997
劣化後 N_2	サンプル 1	1526	2500	3608	4725
	サンプル 2	1504	2411	3580	4627

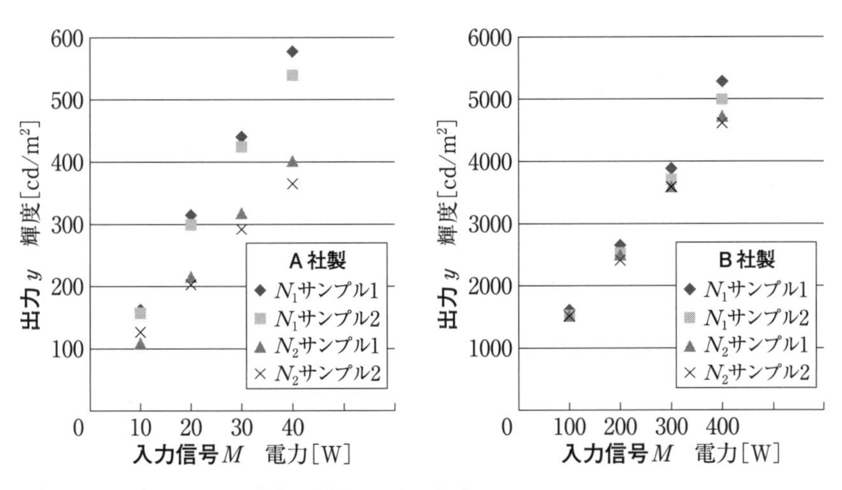

注) グラフのスケールが左右で異なることに注意.

図 3.4 光源の電流ー輝度値グラフ(図 2.13 の再掲)

社製は 400 W 定格). 入力信号(電流)の大きさは異なるが, より入出力の変換係数(傾き)が安定な, すなわち SN 比の大きい光源を選ぶことが目的となる. ここでは, 従来型のゼロ点比例の SN 比 η_{20C} で比較した場合を検証する.

【A社製のSN比の計算】

従来型SN比が**2.5.1項**のエネルギー比型SN比と異なるのは，有害成分S_Nを，さらに$S_{\beta\times N}$(ノイズ因子による傾きの変動の成分)と，S_e(それ以外の有害成分，いわゆる偶然誤差成分)に分解するところ，およびS_eやS_Nをそれらの自由度で割ってV_eやV_N求めるところ，最後のSN比の計算式が異なるところである．

- 全変動成分

  式(3.4)より，

$$S_T = 1\,832\,645$$

- 有効除数

  式(3.5)より，

$$r = 3\,000$$

- ノイズ因子水準ごとの傾き(ノイズ因子水準N_1，サンプル1の傾きをβ_{N11}で示す．以下同じ)

  式(3.6)より，

$$\beta_{N11} = 14.727$$
$$\beta_{N12} = 13.960$$
$$\beta_{N21} = 10.337$$
$$\beta_{N22} = 9.543$$

- 平均の傾き

  式(3.8)より，

$$\beta_{N0} = 12.142$$

- 有効成分

  式(3.7)より，

$$S_\beta = 1\,769\,041$$

• ノイズ因子による傾きの変動

式(3. 9)より，

$$S_{\beta\times N}=\sum_{i=1}^{n}\sum_{j=1}^{k}(\beta_{Ni}M_j-\beta_{N0}M_j)^2=r\,(\beta_{N1}{}^2+\beta_{N2}{}^2+\cdots+\beta_{Nn}{}^2)-S_\beta$$

$$=3\,000\times(14.727^2+13.960^2+10.337^2+9.543^2)-1\,769\,041$$

$$=59\,994$$

• 偶然誤差の変動

式(3. 10)より，

$$S_e=\sum_{i=1}^{n}\sum_{j=1}^{k}(y_{ij}-\beta_{Ni}M_j)^2=S_T-S_\beta-S_{\beta\times N}$$

$$=1\,832\,645-1\,769\,041-59\,994$$

$$=3\,610$$

• 偶然誤差の分散

式(3. 11)より，

$$V_e=\frac{S_e}{n\,(k-1)}$$

$$=3\,610/\{4\times(4-1)\}$$

$$=301$$

• 全体の誤差の分散

式(3. 12)より，

$$V_N=\frac{S_e+S_{\beta\times N}}{nk-1}$$

$$=(3\,610+59\,994)/(4\times4-1)$$

$$=4\,240$$

• 従来型のゼロ点比例の SN 比(真数)

式(3. 13)より，

$$\eta_{20\mathrm{C}\text{真数}}=\frac{\dfrac{1}{nr}(S_\beta-V_e)}{V_N}$$

$$=(1\,769\,041-301)/(4\times3\,000)/4\,240$$

$$=0.03476$$

- 従来型のゼロ点比例の SN 比(デシベル値)

式(3. 14)より,

$$\eta_{20C\,(db)} = 10\,\log \frac{\frac{1}{nr}(S_\beta - V_e)}{V_N}$$

$$= 10\,\log\,(0.03476)$$

$$= -14.59 \quad (db)$$

このように，従来型のゼロ点比例の SN 比では真数の値が 1 より小さく，デシベル値が絶対値の大きなマイナス値になることが多い．この値からはデータのばらつきの大きさはイメージしにくい．また，V_e の計算が煩雑であること，V_e の値が S_β の値に比べて非常に小さい(本例では 0. 02 %以下)ことも確認できる．

【B 社製の SN 比の計算】

従来型の SN 比の計算結果のみを示す．

- 全変動成分　　$S_T = 186\,399\,106$
- 有効除数　　$r = 300\,000$
- ノイズ因子水準ごとの傾き(ノイズ因子水準 N_1，サンプル 1 の傾きを β_{N11} で示す．以下同じ)

$$\beta_{N11} = 13.238$$

$$\beta_{N12} = 12.574$$

$$\beta_{N21} = 12.083$$

$$\beta_{N22} = 11.858$$

- 平均の傾き　　$\beta_{N0} = 12.439$
- 有効成分　　$S_\beta = 185\,659\,539$
- ノイズ因子による傾きの変動

$$S_{\beta\times N} = 739\,567$$

- 偶然誤差の変動　　$S_e = 403\,175$
- 偶然誤差の分散　　$V_e = 33\,598$
- 全体の誤差の分散　　$V_N = 49\,304$
- 従来型のゼロ点比例の SN 比(真数)

$$\eta_{20C真数} = 0.003137$$

- 従来型のゼロ点比例のSN比(デシベル値)

$$\eta_{20C(db)} = -25.03 \quad (db)$$

B社製(傾きの変化率小)よりもA社製(傾きの変化率大)のほうが真数で約11倍，デシベル値で約10.4 db大きい値になる．**図3.4**のグラフ上での傾きのばらつきを見てわかるように，傾きの変化率が大きい，すなわちSN比が低い(悪い)はずのA社製のほうがSN比は高く(良く)なっている．エネルギー比型SN比の計算結果(**2.5.1項**)も含めてこれをまとめると，**表3.4**のようになる．

表3.4　従来型とエネルギー比型のゼロ点比例のSN比の比較

	A社製のSN比(db)	大小関係	B社製のSN比(db)	SN比の差(db)(B社製－A社製)
従来型のSN比	－14.59	>	－25.03	－10.44
エネルギー比型SN比	14.44	<	24.00	9.55

従来型SN比では目で見たSN比の良否に対して逆転している．いうまでもなく，これは従来型のSN比が入力信号データ(ここでは電力)の大きさの影響を受けているためである．A社製，B社製のそれぞれのケースで入力信号の2乗平均を比較すると，

$$\overline{M_A^2} = (10^2 + 20^2 + 30^2 + 40^2)/4 = 750$$

$$\overline{M_B^2} = (100^2 + 200^2 + 300^2 + 400^2)/4 = 75\,000$$

となり，両者には100倍の違いがある．つまりデシベル値では，$10\log(100) = 20$(db)だけ，入力信号が小さいほう(A社製)のSN比が大きく計算されてしまうということである．

従来は，このように信号水準の範囲が揃わないケースでは上記のような点に留意してSN比を比較する必要があったが，エネルギー比型SN比ではその手間は無用である．信号水準範囲が異なる場合でも，対象間をより公平に比較することができる．

3.2.2　問題点②（データ数（信号水準数）が異なる場合）に対する検証

2.5.3項の例題2.8でエネルギー比型SN比を計算した実例を用いて，従来型の標準SN比を計算する．

例題3.2　理想状態が非線形な場合のSN比の比較（従来型標準SN比，エネルギー比型SN比）（**例題2.8**の一部を再掲）

押しボタンスイッチは，お客様の操作感を得るため，入力をスイッチ押し込み量，出力をスイッチの反力として，N字型のカーブに設計される．入力信号を18水準とって，ノイズ因子を4水準で与えたときのデータを**表3.5**，**図3.5**に示す（単位省略）．また，比較のため入力信号を半分の9水準（第2，4，6，

表3.5　スイッチの押し込み量−反力特性データ（単位省略）（表2.11の再掲）

	スイッチの反力				
押し込み量	N_1	N_2	N_3	N_4	標準条件 y_{0i}
1	0.886	1.296	0.925	1.143	1.062
2	1.289	1.781	1.335	1.598	1.501
3	1.624	2.197	1.678	1.984	1.871
4	1.866	2.522	1.928	2.278	2.148
5	2.113	2.933	2.190	2.627	2.466
6	1.915	2.653	1.985	2.378	2.233
7	1.956	2.986	2.081	2.659	2.420
8	1.805	3.046	1.979	2.697	2.382
9	1.604	3.055	1.826	2.685	2.292
10	1.387	3.049	1.658	2.657	2.188
11	1.191	3.064	1.511	2.650	2.104
12	1.051	3.134	1.419	2.699	2.076
13	0.994	3.288	1.410	2.830	2.130
14	1.039	3.544	1.503	3.064	2.287
15	1.194	3.909	1.707	3.408	2.554
16	1.454	4.381	2.016	3.858	2.927
17	1.856	4.963	2.489	4.398	3.426
18	2.321	5.609	3.026	5.001	3.990

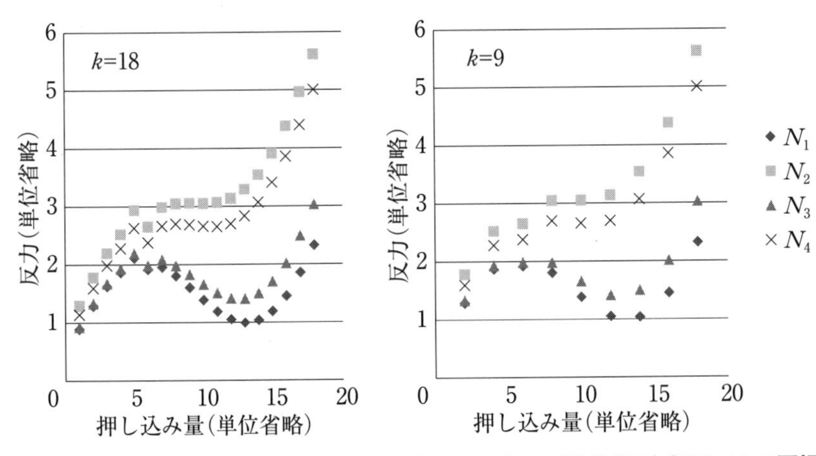

図 3.5 スイッチの押し込み量−反力特性データのグラフ(単位省略)(図 2.18 の再掲)

…, 18 水準)を使用した場合も比較のため計算する(**表 3.5** のハッチングのデータを使用).

【$k = 18$ のデータの場合】

従来の標準 SN 比の計算過程がエネルギー比型 SN 比の計算過程と異なるのは，有害成分 S_N をさらに，$S_{\beta\times N}$(ノイズ因子による傾きの変動の成分)と，S_e(それ以外の有害成分，いわゆる偶然誤差成分)に分解するところ，および S_e や S_N をそれらの自由度で割って V_e や V_N を求めるところ，最後の SN 比の計算式が異なるところである．また，$S_{\beta\times N}$ を計算するためにノイズ因子水準ごとの傾きの計算が必要となる．

ここでは非線形成分除去後を示す「′」は省略する．

- 全変動成分

  式(3.18)より，

$$S_T = 466.6955$$

- 有効除数

  式(3.19)より，

$r = 105.3879$

- ノイズ因子水準ごとの傾き

式(3. 20)より,

$\beta_{N1} = 0.6382$

$\beta_{N2} = 0.1377$

$\beta_{N3} = 0.7694$

$\beta_{N4} = 1.2152$

- 平均の傾き

式(3. 22)より,

$\beta_{N0} = 1.0000$

- 有効成分

式(3. 21)より,

$S_\beta = 421.552$

- ノイズ因子による傾きの変動

式(3. 23)より,

$$S_{\beta \times N} = \sum_{i=1}^{n} \sum_{j=1}^{k} (\beta_{Ni} y_{0j} - \beta_{N0} y_{0j})^2 = r\left(\beta_{N1}^{2} + \beta_{N2}^{2} + \cdots + \beta_{Nn}^{2}\right) - S_\beta$$

$$= 105.3879 \times (0.6382^2 + 1.337^2 + 0.7694^2 + 1.2152^2) - 421.552$$

$$= 39.274$$

- 偶然誤差の変動

式(3. 24)より,

$$S_e = \sum_{i=1}^{n} \sum_{j=1}^{k} (y_{ij} - \beta_{Ni} y_{0j})^2 = S_T - S_\beta - S_{\beta \times N}$$

$$= 466.6955 - 421.552 - 39.274$$

$$= 5.870$$

- 偶然誤差の分散

式(3.25)より，

$$V_e = \frac{S_e}{n(k-1)}$$
$$= 5.870/4/(18-1)$$
$$= 0.08632$$

- 全体の誤差の分散

式(3.26)より，

$$V_N = \frac{S_e + S_{\beta \times N}}{nk-1}$$
$$= (5.870 + 39.274)/(4 \times 18 - 1)$$
$$= 0.6358$$

- 従来型の標準SN比(真数)

式(3.27)より，

$$\eta_{21C真数} = \frac{S_\beta - V_e}{V_N}$$
$$= (421.552 - 0.08632)/0.6358$$
$$= 662.86$$

- 従来型の標準SN比(デシベル値)

式(3.28)より，

$$\eta_{21C(db)} = 10\log\frac{S_\beta - V_e}{V_N}$$
$$= 10\log(662.86)$$
$$= 28.21 \quad (db)$$

このように，従来型の標準SN比ではデータ数(正確には $nk-1$)の分だけSN比が大きく表示されるため，SN比の値からはデータのばらつきの大きさをイメージしにくい．

【$k=9$ のデータの場合】

計算結果のみ示す．

- 全変動成分　　$S_T = 249.7424$

- 有効除数　$r = 56.3342$
- ノイズ因子水準ごとの傾き

$$\beta_{N1} = 0.6324$$

$$\beta_{N2} = 1.3801$$

$$\beta_{N3} = 0.7681$$

$$\beta_{N4} = 1.2193$$

- 平均の傾き　$\beta_{N0} = 1.0000$
- 有効成分　$S_\beta = 225.3367$
- ノイズ因子による傾きの変動成分

$$S_{\beta\times N} = 21.4906$$

- 偶然誤差の変動　$S_e = 5.870$
- 偶然誤差の分散　$V_e = 0.0911$
- 全体の誤差の分散　$V_N = 0.6973$
- 従来型の標準 SN 比(真数)

$$\eta_{21C\text{真数}} = 323.022$$

- 従来型の標準 SN 比(デシベル値)

$$\eta_{21C\,(\mathrm{db})} = 25.09 \quad (\mathrm{db})$$

$k = 18$ の場合の標準 SN 比は $k = 9$ の場合のそれに比べて，真数で約 2 倍，デシベル値で約 3 db 大きい値になっている．これをまとめると，**表 3.6** のようになる．

表 3.6　従来型とエネルギー比型のゼロ点比例 SN 比の比較

	$k = 18$ の場合の SN 比(db)	大小関係	$k = 9$ の場合の SN 比(db)	SN 比の差(db) $(k = 18) - (k = 9)$
従来型の SN 比	28. 21	＞	25. 09	3. 12
エネルギー比型 SN 比	9. 70	≒	9. 65	0. 05

$k = 18$ の場合と $k = 9$ の場合とは，もともと同じサンプルのデータであり，データを半分に間引いたとしても傾きの変化率ではほとんど変わらないのである．しかし，従来型の標準 SN 比の場合，データ数(信号水準数)が 2 倍になる

とSN比の真数も約2倍になり，デシベル値では約3 db大きくなっている．

これは**3.1.2項**で述べたとおり，従来型の標準SN比では，(有効成分)/(有害成分)に，(データ−1)すなわち$(nk-1)$が乗じられた形をしており，傾きの変化率に相当する(有効成分)/(有害成分)の部分がほぼ同じでも，データ数の影響によって，SN比の計算値が変わることを示している．

従来は，このように信号水準数が揃わない場合では上記のような点に留意してSN比を比較する必要があったが，エネルギー比型SN比ではその手間は無用である．信号水準数が異なる場合でも，対象間をより公平に比較することができる．

従来型のSN比の計算方法に関する補足

なお，従来型のSN比のなかのβ_{N0}^2の推定値$(S_\beta - V_e)/nr$は，上記例題では$k=18$の場合で0.9998，$k=9$の場合で0.9996となる．この値を$\beta_{N0}^2=1$とみなせば，上記のノイズ因子水準ごとの傾きの計算は不要となる．従来型SN比で，このような近似を許せば，従来型のSN比は以下のように簡単になる．V_eを求める必要がないので，$S_{\beta\times N}$とS_eへの分解は不要となる．

$$\eta_{21C真数} = \frac{(S_\beta - V_e)/nr}{V_N/nr} \sim \frac{\beta_{N0}^2}{V_N/nr} = \frac{1}{V_N/nr}$$

ただし，エネルギー比型SN比の場合も，従来型標準SN比の場合も，標準条件N_0をノイズ因子の水準平均としない場合は，一般に$\beta_{N0}^2 \neq 1$であるため，β_{N0}^2の計算は必要である．

アドバンスト・ノート5　自由度の直観的理解

従来型SN比での誤差分散は，誤差の2乗和をデータ数ではなく，自由度と呼ばれる大きさで割っている．すなわち，$V_e = S_e/\{n(k-1)\}$や，$V_N = S_N/(nk-1)$における分母の部分である．エネルギー比型SN比では必要のない考え方であるが，従来型SN比と比較したときに「自由度とは何か」，「なぜ自由度で割るのか」などの疑問をもたれる読者もいるだろう．数理的な説明は，統計学が専門の先生方の著書に譲るとして，ここでは直観的理解のための説明を試みる．自由度とは以下の2つの考え方で理解できる．

① 無限母集団から標本をサンプリングしたとき，標本の統計量(平均値や標準偏差など)から母集団の統計量を推定するための係数．

② 独立な情報の数．情報の量．

①の身近な例としては，分散(その平方根が標準偏差)を求めるときに，偏差(平均値からの差)の2乗和をデータ数nで割るのか(**標本分散**)，自由度$n-1$で割るのか(**不偏分散**)という問題である．Excel関数のSTDEVPを使えばよいのか，STDEVを使えばよいのか迷ったことがあるかもしれない．平たく言えば，全数調査のように観測したデータが母集団と一致している場合や，情報の要約が主目的の場合は，nで割る標本分散を用いる．また，抜取調査のように観測したデータが母集団の一部である場合や，母集団の性質の推定が主目的の場合，$n-1$で割る不偏分散を用いる．データ数nではなく自由度$n-1$で割ることによって，標本のデータから母集団の分散(母分散)を推定しているのである．このように推定した分散は，平均的に母分散からずれていない(偏っていない)ので，不偏分散という[30]．

では，抜取調査ではなく，実験で10個サンプルを作成して10個とも計測した場合や，サイコロを10回振って出た目を集計した場合，このときの分散は上記のどちらの場合だろうか．この場合は$n-1$で割る不偏分散の式を用いるのが普通である．つくったサンプル10個すべてを計測したので全数調査と思えるかもしれないが，別の10個では異なる値になるし，100個つくって測ればまた異なる値になる．したがって，10個のデータというのは，仮想的な無限母集団(サンプルを無限個つくった場合の集団)からたまたま選ばれた10個と考える．サイコロの場合も，無限回振ったときのデータのたまたま10回分を観測したと考える．そうすると，不偏分散の式で推定している値は，無限母集団のサンプルや無限回サイコロ振りを試行したときの分散を意味する．

不偏分散はデータ数nの代わりに，$n-1$で割るのだから標本分散よりは少し大きめの値になる．これはなぜだろうか(**図3.6**)．

30) 平均値に関しては，データ数nで割った標本平均は，母集団の平均(母平均)に対して偏りをもたないため，標本平均と母平均は同じ数式(算術平均)で求められる．

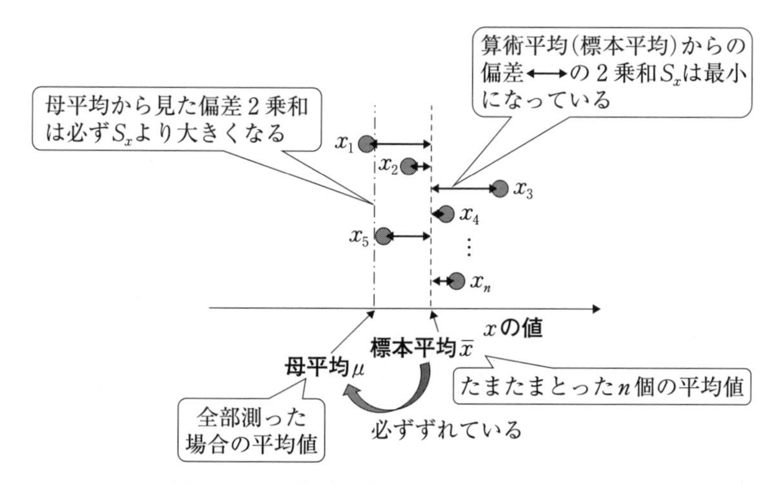

図 3.6　なぜ標本分散は小さめの推定なのか

分散は偏差2乗和から求めるが，偏差は観測値と平均値との差である．ところが，この平均値は観測値の算術平均で求めた，標本平均 $\bar{x}$ ある．この値は母集団の平均(母平均) μ からは一般的にずれている．一方で算術平均値というのは，誤差分散が最小(＝偏差の2乗和が最小)となる代表値であるから，標本平均 $\bar{x}$ からの偏差2乗和より，母平均 μ からの偏差2乗和のほうが大きい．つまり，標本平均から求めた標本分散は，母平均から求めた母分散に比べて小さめの値になっている．これを不偏分散にするため，少し大きく補正するのに，n ではなく $n-1$ で割ると考えれば，①の「母集団のそれを推定するための係数」という意味が納得できるのではないだろうか．

つぎに，②独立な情報の数，情報の量の解釈である．標本となる3個のデータ(たとえばA，B，Cの3人の身長)があるとき，これらの全変動成分 S_T には3個のデータの2乗が含まれる．つまり全情報量は3である．これを自由度 $f_T=3$ で表す．このときの3つの情報とは，3人のそれぞれの身長というのがわかりやすいが，3人の身長の平均と，Aの身長と平均の差，Bの身長と平均の差という3つの情報に分けることもできる(**図 3.7**)．

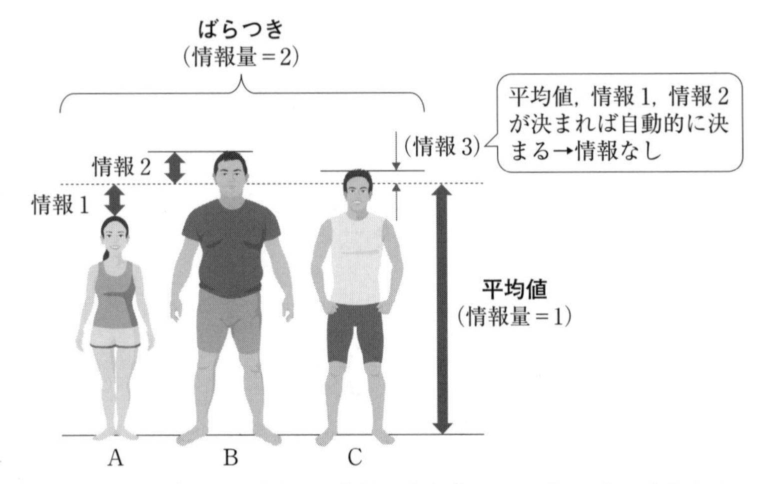

図3.7　3つのデータの場合，平均値の自由度は1，ばらつきの自由度は2

この場合，Cの身長と平均の差はこれら3つの情報から自動的に決まってしまい情報としての価値はないので，情報量としてカウントしない．このときのAの身長と平均の差，Bの身長と平均の差，Cの身長と平均の差というのは，3人の身長のばらつき(差)の成分を表している．このときの身長のばらつきの成分Nの自由度は$f_N = 2$(情報量は2)となる．これは全自由度3から平均の情報量1を引いた残りともいえるし，Aの身長と平均の差，Bの身長と平均差という2つの独立した差の情報量と考えることもできる．つまり，自由度の解釈として，独立な情報の数，情報の量という考え方ができるわけである．

実際の自由度の計算は，ルールを知って慣れれば機械的にできるようになる．当面知っておきたいルールは，次の4つである．

ルール①　平均や傾き変動の自由度は1

ルール②　単一要因の変動の自由度は水準数－1

ルール③　交互作用の変動の自由度は，各要因の変動の自由度の積

ルール④　2乗和の分解と同じ自由度の分解が成り立つ

このルールを用いれば，従来型SN比で用いる自由度は以下のように求められる．全変動成分S_Tの自由度は全データ数で$f_T = nk$である．傾き

の変動である有効成分 S_β は平均値と同じで，ルール①より一つ分の情報をもっており，$f_\beta = 1$ である．ルール②よりノイズ因子(n 水準)の自由度は $n-1$ である．したがって，ノイズ因子による傾きの変動 $S_{\beta\times N}$ はルール③より，$f_{\beta\times N} = (n-1)\times 1 = n-1$ である．偶然誤差の変動は $S_e = S_T - S_\beta - S_{\beta\times N}$ であるので，ルール④より，$f_e = f_T - f_\beta - f_{\beta\times N} = nk-1-(n-1) = n(k-1)$ となる．

アドバンスト・ノート 4 でも述べたように，品質工学では技術者が能動的にノイズ因子の水準を定めてこれを統御し，系統誤差として実験に組み込んでいるため，計算は記述統計的な，すなわちデータ数をベースとした方法でよいと考えているのである．いずれにしても自由度は初学者には理解しにくいものであるし，品質工学の SN 比を活用する際は必要ない(もっといえば，自由度でないほうが品質工学の考え方に整合している)．自由度や推定のところでつまづき，品質工学の活用を諦めるという本末転倒を起こさないために，本書ではデータ数を中心とした説明を行っている．もちろん，区間推定や分散分析などの統計的推定が必要な場面においては，自由度が重要な役割を果たすので，自由度の考え方そのものを不要としているわけではないことに注意願いたい．

3.3　従来型の静特性の SN 比

従来型の静特性の SN 比を紹介しながら，エネルギー比型 SN 比との違いを見ておこう．

入力信号がなく，出力のみを評価する場合，このような出力特性を静特性という．従来，静特性は①望小特性(ゼロに近いほど良い)，②望大特性(大きいほど良い)，③望目特性(平均値が大きく，ばらつきが小さいほど良い)，④ゼロ望目特性(ばらつきが小さいほど良い，平均値は気にしない)などに分類されており，別々の計算式が使用される．いずれも標示因子のない場合のみ示す．

(1) 望小特性の SN 比

特性値 y が非負(ゼロ以上)で，小さいほど良い特性を望小特性という．ノイズ因子あるいは繰り返しにより，データを y_1，y_2，…，y_n ととったとする．従来型の望小特性の SN 比は，データの 2 乗平均を誤差成分(悪さ)と考え，SN 比(良さ)はその逆数で定義される．

$$\eta_{\text{望小}}=\frac{1}{\sum_{i=1}^{n} y_i^2/n}=\frac{1}{S_T/n} \tag{3.29}$$

これはエネルギー比型 SN 比の場合と，結果的に同じ式になる(式(2.50))．これは望小特性の場合では，従来型でも統計的推定を行っていないからである．

$$\eta_{E\,\text{望小}}=\frac{1}{(S_m+S_e)/n}=\frac{1}{S_T/n} \qquad \text{(2.50 の再掲)}$$

(2) 望大特性の SN 比

特性値 y が非負(ゼロ以上)で，その逆数 $1/y$ が小さいほど良い特性を望大特性という．望大特性の SN 比はその定義から，元のデータ y の逆数 $1/y$ を望小特性で評価するというものであるので，望小特性と同一の計算式になる．

(3) 望目特性の SN 比

特性値 y が非負(ゼロ以上)で，平均値 m に目標値 m_0 があり，平均値からのばらつきは小さいほど良い特性を望目特性という．平均値が目標値に近いか否かは SN 比に関係ないことに注意する．

従来型の望目特性の SN 比の誤差成分は，平均値からの誤差分散 ${\sigma_N}^2$ の推定値である V_N を，平均値の 2 乗 m^2 の推定値である $(S_m-V_N)/n$ で規準化(校正)したものと考える．

$$\eta_{\text{望目}}=\frac{1}{\dfrac{V_N}{(S_m-V_e)/n}}=\frac{(S_m-V_e)/n}{V_N} \tag{3.30}$$

これは，望目特性のエネルギー比型 SN 比の式(2.51)とは異なる形をしている．

ここに，$-V_e$ は動特性の場合と同様，m^2 を統計的に推定するための補正である．V_e は偶然誤差の分散で，以下の分解により求められる．ノイズ因子 n 水準，繰り返し n' 回のデータを y_{ij} $(i=1, 2,\cdots, n; j=1, 2,\cdots, n')$，自由度を f で表す場合，

全変動成分

$$S_T = \sum_{i=1}^{n}\sum_{j=1}^{n'} {y_{ij}}^2 \quad (f_T = nk) \tag{3.31}$$

平均の出力の変動

$$S_m = nn'\left(\sum_{i=1}^{n}\sum_{j=1}^{n'} y_{ij}/nn'\right)^2 = nn'm^2 \quad (f_m = 1) \tag{3.32}$$

ノイズ因子水準による平均値の影響

$$S_{N\times m} = \sum_{i=1}^{n}\sum_{j=1}^{n'} (m - m_{Ni})^2 = n'\sum_{i=1}^{n} m_{Ni}^2 - S_m \quad (f_{N\times m} = (n-1)\times 1 = n-1) \tag{3.33}$$

$$\text{ここに，}\ m_{Ni} = \frac{\sum_{j=1}^{n'} y_{ij}}{n'} \tag{3.34}$$

偶然誤差の変動と分散[31)]

$$S_e = S_T - S_m - S_{N\times m}$$
$$(f_e = f_T - f_m - f_{N\times m} = nn' - 1 - (n-1) = n\,(n'-1)) \tag{3.35}$$

$$V_e = S_e/\{n\,(n'-1)\} \tag{3.36}$$

総合の誤差の変動と分散

---

31)　ノイズ因子の各水準でデータを一つずつしかとらないような多くの場合は，S_N を $S_{N\times m}$ と S_e に分解することはできない．なぜなら，n 水準のノイズ因子について各一つずつデータがある場合，全変動 S_T の自由度は n，平均値の変動 S_m の自由度は 1，ノイズ因子による平均値の影響 $S_{N\times m}$ の自由度は $n-1$ となる．$S_T = S_m + S_{N\times m}$ と $f_T = f_m + f_{N\times m}$ が成立しているため，さらに偶然誤差成分 S_e に分解することができない．これはこのデータに偶然誤差がないのではなく，実は $S_{N\times m}$ のなかにノイズ因子による平均値の影響と偶然誤差の影響の両方が含まれており，分離できないのである(これを成分が交絡するという)．この場合，S_m から偶然誤差成分 V_e を補正できないのであるが，$V_{N\times m}$ で代用する例が散見される．言うまでもなく，$V_{N\times m}$ の大部分の成分は意図的に大きく与えたノイズ因子の影響の成分であるので，偶然誤差よりも非常に大きな値であり，偶然誤差の代用にはならない．

$$S_N = S_{N\times m} + S_e \quad (f_N = f_{N\times m} + f_e = f_T - f_m = nn' - 1) \tag{3.37}$$

$$V_N = S_N / (nn' - 1) \tag{3.38}$$

V_eの算出のために，このような複雑な交互作用の変動の求め方，自由度の考え方などの理解が必要である．

なお，従来型の望目特性は，従来型のゼロ点比例SN比において信号水準を固定したものとは一致しない．望目特性のSN比は無次元であるが，ゼロ点比例のSN比は入力信号の－2乗の次元をもつため，「ゼロ点比例のSN比の1水準版が望目特性」というような一般化した説明はできない．

(4)　ゼロ望目特性のSN比

特性値yは正負の値をとり得る場合で，平均値からのばらつきが小さいほど良い特性をゼロ望目特性という．ゼロに近いか否かは関係ないので注意する．平均値mは，ばらつきに影響しない因子でチューニング(校正)可能と考え，平均値の大きさは安定性の評価に含めない．つまり，SN比の誤差成分としては平均値からの誤差分散のみを考えることになる．

$$\eta_{\text{ゼロ望目}} = \frac{1}{V_N} \tag{3.39}$$

これはゼロ望目特性のエネルギー比型SN比，式(2.52)とは異なる形をしている．

エネルギー比型SN比(式(2.52))では，S_eを自由度で割るのではなく，データ数で規準化するので，従来型とは若干SN比の値が異なる．

$$\eta_{E\,\text{ゼロ望目}} = \frac{1}{S_N/n} \qquad \text{(2.52の再掲)}$$

本章のまとめとして**表3.7**に既出のSN比をまとめる．各記号の意味は本文と同じであり，標示因子がない場合に限っている．

演習3.1　**データ数が異なる場合の標準SN比と望目特性SN比の計算**

(1)　**例題2.7**のデータを用いて，従来型とエネルギー比型において標準SN

表 3.7　エネルギー比型 SN 比と従来の SN 比の一覧

		エネルギー比型 SN 比	従来の SN 比
動特性	ゼロ点比例 SN 比	$\dfrac{S_\beta}{S_N}$	$\dfrac{\frac{1}{nr}(S_\beta - V_e)}{V_N}$　$f_N = nk-1$ $f_e = n(k-1)$
	非線形の標準 SN 比 ※信号の値は標準条件 N_0 の出力値	$\dfrac{S_\beta}{S_N}$	$\dfrac{S_\beta - V_e}{V_N}$　$f_N = nk-1$ $f_e = n(k-1)$
静特性	望小特性の SN 比	$\dfrac{1}{S_T/n}$	$\dfrac{1}{S_T/n}$
	望大特性の SN 比 ※出力値は元データ y の逆数 $1/y$	$\dfrac{1}{S_T/n}$	$\dfrac{1}{S_T/n}$
	望目特性の SN 比	$\dfrac{S_m}{S_N}$	$\dfrac{\frac{1}{n}(S_m - V_e)}{V_N}$　$f_N = nn'-1$ $f_e = n(n'-1)$
	ゼロ望目特性の SN 比	$\dfrac{1}{S_N/n}$	$\dfrac{1}{V_N}$　$f_N = nn'-1$
	デジタルの標準 SN 比 ※元データは 0 と 1, p は 1 の割合	$\dfrac{p}{1-p}\left(=\dfrac{S_m}{S_N}\right)$	$\dfrac{p}{1-p}\left(\neq\dfrac{S_m - V_e}{V_N}\right)$

比を求め，$k=20$ と $k=5$ の場合の SN 比の差（利得）の違いを検証せよ．

(2)　変位＝10 の 8 つのデータ（1.578, 3.240, …, 1.424）を用いて，従来型とエネルギー比型において**標準 SN 比および望目特性の SN 比**を求め，両者が一致するか否かを確かめよ．

以下に**例題 2.7** の一部を再掲する．

異なる 2 種類の引張試験装置にて接合部の機能の安定性（変位–荷重特性の安定性）を比較する場合を考える．信号因子水準数 $k=20$ の試験結果と，そこからデータを均等に間引いて $k=5$ としたものを比較することにする（**表 3.8**）．$k=20$ の場合は全データを使用し，$k=5$ の場合はハッチングのデータを使用する．

表3.8 引張試験データ(ノイズ因子8水準，信号因子20水準)(表2.10の再掲)

変位	荷重1	荷重2	荷重3	荷重4	荷重5	荷重6	荷重7	荷重8
1	0.559	0.969	0.597	0.816	0.729	1.080	0.718	0.508
2	0.670	1.162	0.717	0.979	0.874	1.296	0.861	0.610
3	0.782	1.356	0.836	1.142	1.020	1.512	1.005	0.712
4	0.894	1.550	0.956	1.306	1.166	1.728	1.148	0.813
5	1.117	1.937	1.195	1.632	1.457	2.160	1.435	1.017
6	1.006	1.743	1.075	1.469	1.311	1.944	1.292	0.915
7	1.232	2.263	1.358	1.936	1.656	2.547	1.579	1.118
8	1.347	2.588	1.522	2.240	1.856	2.934	1.722	1.220
9	1.463	2.914	1.685	2.544	2.055	3.321	1.866	1.322
10	1.578	3.240	1.848	2.848	2.254	3.708	2.009	1.424
11	1.693	3.565	2.012	3.151	2.454	4.095	2.153	1.525
12	1.808	3.891	2.175	3.455	2.653	4.483	2.296	1.627
13	1.923	4.217	2.339	3.759	2.852	4.870	2.440	1.729
14	2.038	4.543	2.502	4.063	3.052	5.257	2.583	1.830
15	2.153	4.868	2.666	4.367	3.251	5.644	2.727	1.932
16	2.268	5.194	2.829	4.671	3.451	6.031	2.870	2.034
17	2.434	5.541	3.067	4.976	3.740	6.383	3.184	2.451
18	2.601	5.889	3.306	5.281	4.029	6.736	3.498	2.868
19	2.767	6.236	3.544	5.586	4.318	7.088	3.812	3.285
20	2.934	6.583	3.782	5.891	4.607	7.440	4.126	3.702

アドバンスト・ノート6 統計学で説明するとどうなるか

2008年に『品質工学』誌にエネルギー比型SN比を発表したあと，早稲田大学の統計学者である永田靖教授とのやり取りのなかで，関西品質工学研究会宛にコメント[26]をいただいた．筆者を含め，エネルギー比型SN比の研究メンバーは企業人であり，統計の専門家からの客観的なコメントは非常にありがたかった．本コメントでは，ゼロ点比例のSN比の改良提案に対して以下に引用するように述べられていた．すなわち，エネルギー比型SN比の利点を統計学的な視点で解説いただいたのである．

なお，引用文中の誤差因子はノイズ因子のことであり，有効除数rにはノイズ因子水準数 n の繰り返しの倍数が含まれている（本書の表現では nr と表記）．また，「新 SN 比」とは本書のエネルギー比型 SN 比のことである．式番号は本書の採番法に変更している．

（引用ここから）

次の 5 つの SN 比を取り上げます．〈中略〉

$$\eta_{(1)} = 10 \log_{10} \frac{(S_\beta - V_e)/r}{V_N} \quad (\text{従来 1}: \eta_{20\mathrm{C}}) \tag{3.40}$$

$$\eta_{(2)} = 10 \log_{10} \frac{(S_\beta - V_e)/r}{V_N/r} \quad (\text{提案 1}: \eta_{21\mathrm{C}(1)}) \tag{3.41}$$

$$\eta_{(3)} = 10 \log_{10} \frac{S_\beta/r}{V_N}\left(= 10 \log_{10} \frac{\hat{\beta}^2}{V_N}\right) \ (\text{従来 2：資料に記載無し}) \tag{3.42}$$

$$\eta_{(4)} = 10 \log_{10} \frac{S_\beta/r}{V_N/r} \quad (\text{資料に記載なし}) \tag{3.43}$$

$$\eta_{(5)} = 10 \log_{10} \frac{S_\beta/r}{S_N/r} = 10 \log_{10} \frac{S_\beta}{S_N} \quad (\text{提案 2：新 SN 比 } \eta_E) \tag{3.44}$$

〈中略〉

ご提案の SN 比も信号値の影響は受ける

ご提案の SN 比について「信号値の影響なし」と資料のまとめの表に記載されています．しかし，実際は影響を受けます．誤差なしのモデルで検討されているので，信号値の影響が消えているのです．これは以下のように考えれば理解できます．

通常の動特性の設定と同様に，信号の水準を k，誤差因子の水準を n として，次のモデルを考えます．

$$y_{ij} = \beta_i M_j + \varepsilon_{ij},\ E(\varepsilon_{ij}) = 0,\ V(\varepsilon_{ij}) = \sigma^2$$
$$(i = 1, 2, \cdots, n; j = 1, 2, \cdots, k) \tag{3.45}$$

ここで，

$$\beta = \frac{1}{n}\sum_{i=1}^{n}\beta_i \tag{3.46}$$

と表すことにします．

そして，通常の平方和の分解を考えます．

$$S_T = S_\beta + S_{\beta\times N} + S_e \tag{3.47}$$

$$S_T = \sum_{i=1}^{n}\sum_{j=1}^{k} {y_{ij}}^2 \tag{3.48}$$

$$S_\beta = \hat{\beta}^2 r \tag{3.49}$$

$$S_{\beta\times N} = \sum_{i=1}^{n}\left(\hat{\beta}_i - \hat{\beta}\right)^2 r/n \tag{3.50}$$

$$S_e = \sum_{i=1}^{n}\sum_{j=1}^{k}\left(y_{ij} - \hat{\beta}_i M_j\right)^2 \tag{3.51}$$

$$S_N = S_{\beta\times N} + S_e \tag{3.52}$$

$$r = \sum_{i=1}^{n}\sum_{j=1}^{k} M_j^2 = n\sum_{j=1}^{k} M_j^2 \tag{3.53}$$

$$\hat{\beta}_i = \frac{\sum_{j=1}^{k} M_j y_{ij}}{\sum_{j=1}^{k} M_j^2} = \frac{\sum_{j=1}^{k} M_j y_{ij}}{r/n} \tag{3.54}$$

$$\hat{\beta} = \frac{\sum_{i=1}^{n}\hat{\beta}_i}{n} \tag{3.55}$$

上記の平方和の期待値は次のようになります．

$$E\left(S_\beta\right) = r\beta^2 + \sigma^2 \tag{3.56}$$

$$E\left(S_{\beta\times N}\right) = \frac{r}{n}\sum_{i=1}^{n}\left(\beta_i - \beta\right)^2 + (n-1)\sigma^2 \tag{3.57}$$

$$E\left(S_e\right) = n\,(k-1)\,\sigma^2 \tag{3.58}$$

$$E(S_N)=E(S_{\beta\times N}+S_e)=\frac{r}{n}\sum_{i=1}^{n}(\beta_i-\beta)^2+(kn-1)\sigma^2 \tag{3.59}$$

したがって，

$$E(V_N)=E\left(\frac{S_N}{f_N}\right)=E\left(\frac{S_N}{kn-1}\right)=\frac{r}{n(kn-1)}\sum_{i=1}^{n}(\beta_i-\beta)^2+\sigma^2 \tag{3.60}$$

$$E(V_e)=E\left(\frac{S_e}{f_e}\right)=E\left(\frac{S_e}{n(k-1)}\right)=\sigma^2 \tag{3.61}$$

が成り立ちます．

そこで，式(3.40)～(3.44)において，各平方和や各分散を上記の対応する期待値で置き換えると次のようになります．

$$\eta_{(1)}\to 10\log_{10}\frac{\beta^2}{\frac{r}{n(kn-1)}\sum_{i=1}^{n}(\beta_i-\beta)^2+\sigma^2}\quad (従来1 : \eta_{20C}) \tag{3.62}$$

$$\eta_{(2)}\to 10\log_{10}\frac{\beta^2}{\frac{1}{n(kn-1)}\sum_{i=1}^{n}(\beta_i-\beta)^2+\frac{\sigma^2}{r}}\quad (提案1 : \eta_{21C(1)}) \tag{3.63}$$

$$\eta_{(3)}\to 10\log_{10}\frac{\beta^2+\frac{\sigma^2}{r}}{\frac{r}{n(kn-1)}\sum_{i=1}^{n}(\beta_i-\beta)^2+\sigma^2}\quad (従来2 : 資料に記載無し) \tag{3.64}$$

$$\eta_{(4)}\to 10\log_{10}\frac{\beta^2+\frac{\sigma^2}{r}}{\frac{1}{n(kn-1)}\sum_{i=1}^{n}(\beta_i-\beta)^2+\frac{\sigma^2}{r}}\quad (資料に記載なし) \tag{3.65}$$

$$\eta_{(5)}\to 10\log_{10}\frac{\beta^2+\frac{\sigma^2}{r}}{\frac{1}{n}\sum_{i=1}^{n}(\beta_i-\beta)^2+(kn-1)\frac{\sigma^2}{r}}\quad (提案2 : 新SN比\,\eta_E) \tag{3.66}$$

上記の値は，式(3.40)～(3.44)の SN 比により推定しているターゲット

(母SN比)です．これらのすべてにおいて，信号数kとrが含まれていますから，式(3.40)～(3.44)のどのSN比を用いたとしても，信号の影響を受けることになります．

送付していただいた資料で検討されているのは，誤差ε_{ij}がない場合です．このときには，$\sigma^2=0$ですから，式(3.62)～(3.66)において$\sigma^2=0$とおいた値自身がSN比の値となります．すなわち，誤差がないなら($\varepsilon_{ij}\equiv 0$なら)

$$\eta_{(1)}=10\log_{10}\frac{\beta^2}{\frac{r}{n(kn-1)}\sum_{i=1}^{n}(\beta_i-\beta)^2}\quad (従来1：\eta_{20C})\quad (3.67)$$

$$\eta_{(2)}=10\log_{10}\frac{\beta^2}{\frac{1}{n(kn-1)}\sum_{i=1}^{n}(\beta_i-\beta)^2}\quad (提案1：\eta_{21C(1)})\quad (3.68)$$

$$\eta_{(3)}=10\log_{10}\frac{\beta^2}{\frac{r}{n(kn-1)}\sum_{i=1}^{n}(\beta_i-\beta)^2}\quad (従来2：資料に記載無し)\quad (3.69)$$

$$\eta_{(4)}=10\log_{10}\frac{\beta^2}{\frac{1}{n(kn-1)}\sum_{i=1}^{n}(\beta_i-\beta)^2}\quad (資料に記載なし)\quad (3.70)$$

$$\eta_{(5)}=10\log_{10}\frac{\beta^2}{\frac{1}{n}\sum_{i=1}^{n}(\beta_i-\beta)^2}\quad (提案2：新SN比\ \eta_E)\quad (3.71)$$

となります．$\eta_{(5)}$だけが信号の水準kと信号の2乗和rを含まなくなります．

〈中略〉

このように，新SN比としてご提案のSN比($\eta_{(5)}$)も，誤差があるときは(実際は常にあります)信号の影響を受けます．しかし，他のSN比と比較するとその影響は小さいということは言えます．さらに，$(kn-1)\sigma^2/r$の値が小さいなら，信号の影響はより小さくなることも式(3.66)よりわかります．

したがって，「信号の影響なし」は厳密には正しい記述ではありませんが，「信号の影響にロバスト」という言い方は妥当だと思います．

(引用ここまで．傍点は筆者(鶴田))

永田教授の指摘は論理的かつ客観的で的を射ており，エネルギー比型 SN 比の利点およびその限界を統計学の視点で明確に示している．エネルギー比型 SN 比は記述統計的であり，また実務者から生まれたこともあり，ともすれば統計学的な論証を軽視しがちである．しかし，SN 比などの品質工学の方法論を議論・深化していくためには，データによる実証の積み上げと，統計学などの数理による考察との両輪が必要と考える．

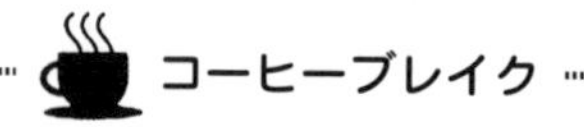

東西の技術と科学に関する語源あれこれ

理想の機能を現実のモノに近づける(設計する)のが技術者だ．技術や技術者を表す「工」の文字の形は，上の横棒(天，神，理想的な世界を指す)と，下の横棒(地，現実の世界を指す)を結ぶ縦棒が人で，人工物をつくる技術者，つまり「たくみ」という意味である(諸説あり)．「工＝たくみ」は人工物であり，これをアートという．技術とは科学でなくアートの仲間なのだ．英語で技術者を表すengineerは，in＋geniusで天才の意味である．ルネサンス期に生まれた言葉で，レオナルド・ダ・ヴィンチのような人を指す言葉であった．geniusはラテン語のgignoからきており，「生まれながらの」の意味なので，天才自身は「天」の字のとおり，「工」の上の横棒からの授かりものであるとも解せる．

ではscienceはどうか．sci-には「知る」という意味があり，scienceは「知っていること」の意味である．日本語(和製漢語)の「科学」はさまざまに分けられた学問という意味である(「科」は医学の専門や生物の分類に使われる)．ところが実は，sci-を遡ればscissors(はさみ)に代表されるように「切り刻む，分ける」の意味がある．分けて調べていけば，それが知識になるということだ．日本語でも，「分別」というように「分ける」と「分かる」は同じ語である．

最後に，SN比は中国語では「信噪比」と書くらしい．「噪」はノイズのことで，字義は「さわぐ・さわがしい」である．口が4つもあって，いかにもさわがしそうで，どこかの研究会のようだ．

第4章 エネルギー比型SN比の計算ツール

4.1 ツールの概要

本書の付録として，本書で取り上げたエネルギー比型 SN 比(以下，本章では SN 比)の計算が可能な Microsoft Excel(以下，Excel)ツールを提供する．計算可能な SN 比は表 4.1 のとおりである．【 】はツール名を示すとともに，同ツール内のシート名を表している．

表 4.1 エネルギー比型 SN 比の計算ツールの種類と諸元

	【計算ツール(1)】 直交するデータの場合(標示因子なし)	【計算ツール(2)】 標示因子がある場合	【計算ツール(3)】 データが直交していない場合(標示因子なし)
本書の参照箇所	2.3.2 項	2.3.3 項	2.3.4 項
使用条件	ノイズ因子水準ごとの信号が共通のデータ形式で，標示因子もない場合.	ノイズ因子水準ごとの信号が共通のデータ形式で，標示因子がある場合. 標示因子水準ごとに信号因子水準が異なっていてもよい.	ノイズ因子水準ごとの信号が異なるデータ形式で，標示因子がない場合.

表4.1 つ づ き

	【計算ツール(1)】直交するデータの場合(標示因子なし)	【計算ツール(2)】標示因子がある場合	【計算ツール(3)】データが直交していない場合(標示因子なし)
計算ツール(1)との関係	—	標示因子の第2水準のデータを空欄にした場合は，標示因子なしとして，計算ツール(1)と同じ結果になる(計算ツール(2)のほうがより一般的).	ノイズ因子水準ごとの信号が共通のデータ形式では計算ツール(1)と同じ結果になる(計算ツール(3)のほうがより一般的).
繰り返しの扱い	繰り返しがある場合は，ノイズ因子と考えて使用可能		
ゼロ点比例SN比	計算可能		
標準SN比	計算可能. 信号値に標準条件の出力値を代入. 出力の平均値を標準条件の出力値とすることもできる.		下記条件で計算可能. 各データの信号因子水準に標準条件の出力値を設定必要. データが直交していないため出力の平均値は使用できない.
水準数の上限	信号因子：20水準まで ノイズ因子：10水準まで	信号因子：20水準まで ノイズ因子：10水準まで 標示因子：2水準固定	信号因子：10水準まで ノイズ因子：10水準まで
本書の例題，演習問題との対応	例題2.1，例題2.5，演習2.1(1)，(2)，例題2.6，例題2.7，例題2.8，演習2.2，演習2.3(1)～(4)	例題2.2，演習2.1(3)	例題2.3，例題2.4，演習2.1(4)

本ツールではセル内の関数・計算式のみを用いて構成している(マクロは使用していない)ので，Excelのワークシート関数を理解できる方なら，独自にアレンジ(水準数を増やすなど)が可能である.

4.2　使用方法と計算例

4.2.1　導入方法

(1)　ダウンロードとインストール

下記のサイトより本ツールをPCにダウンロードする．アクセスするとパスワードを求められるので「JUSE2016$tsuruzoh」と入力する.

http://www.tsuruzoh.jimdo.com/

つぎに，ファイルをダウンロードし，Excelから起動すればすぐに使用できる.

(2)　本ツールの動作環境

Windows 7とExcel 2010で動作確認している．Excelの一般的なワークシート関数とセルの参照のみを使用しているので，他の環境でも広く使用可能と思われるが，OS，表計算ソフトなどの環境の違いによる動作の保証はしない.

4.2.2　【計算ツール(1)】の使用方法と計算例

本ツールの【計算ツール(1)】シートを選択すると，**図4.1**のような画面が現れる．デフォルト(初期状態)ではサンプルデータが入力されているので，使用時はデータを上書きして使用する.

(1)　データの入力

【計算ツール(1)】シートでユーザーが操作するのは，信号値を入力する黄色の網掛け部(B 19セルより下方向)と，出力値y_{ij}を入力する水色の網掛け部(C 19より下方向と右方向)の2箇所だけである．以下，本書の**例題2.1**および**例題2.5**の数値例を入力した状態で説明する.

共通の信号値は，$M_1=10$，$M_2=20$，$M_3=30$であるので，それぞれB 19,

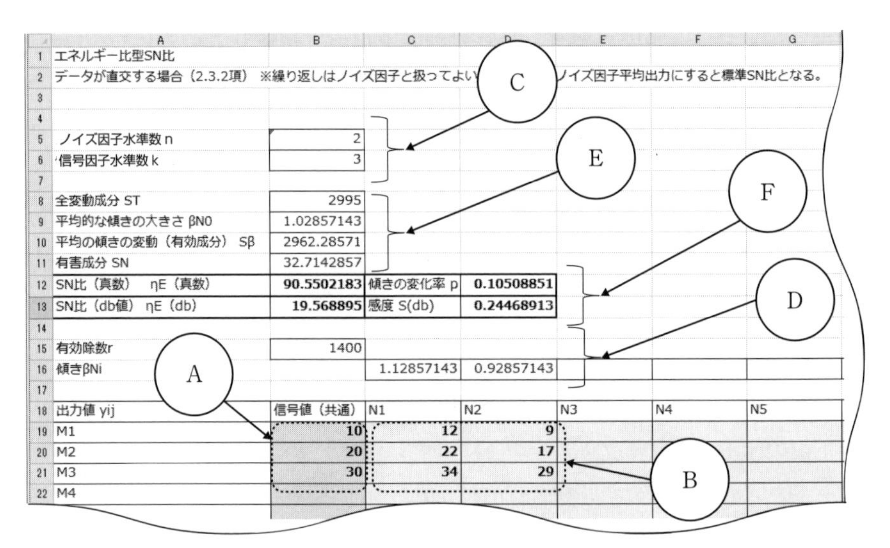

	A	B	C	D	E	F	G
1	エネルギー比型SN比						
2	データが直交する場合（2.3.2項） ※繰り返しはノイズ因子と扱ってよい				ノイズ因子平均出力にすると標準SN比となる。		
3							
4							
5	ノイズ因子水準数 n	2					
6	信号因子水準数 k	3					
7							
8	全変動成分 ST	2995					
9	平均的な傾きの大きさ βN0	1.02857143					
10	平均の傾きの変動（有効成分） Sβ	2962.28571					
11	有害成分 SN	32.7142857					
12	SN比（真数）　ηE（真数）	**90.5502183**	傾きの変化率 p	**0.10508851**			
13	SN比（db値）　ηE（db）	**19.568895**	感度 S(db)	**0.24468913**			
14							
15	有効除数r	1400					
16	傾きβNi		1.12857143	0.92857143			
17							
18	出力値 yij	信号値（共通）	N1	N2	N3	N4	N5
19	M1	**10**	**12**	**9**			
20	M2	**20**	**22**	**17**			
21	M3	**30**	**34**	**29**			
22	M4						

図 4.1 【計算ツール(1)】の画面

B 20，B 21 セルにその値を入力する（**A 部**）．また，データ y_{ij} は，ノイズ因子の第 1 水準のデータ $y_{11}=12$，$y_{12}=22$，$y_{13}=34$ をそれぞれ C 19，C 20，C 21 セルに，ノイズ因子第 2 水準のデータ $y_{21}=9$，$y_{22}=17$，$y_{23}=29$ をそれぞれ D 19，D 20，D 21 セルに入力する（**B 部**）．**表 2.2** の行と列が逆になることに注意する．

データは直交する必要があるため，データが歯抜けになったり，余計な場所に数値が残らないように注意すること．

(2)　データの解析と結果の表示

上記データを入力すると，即座に計算の途中経過と SN 比などの計算結果が表示される．

B 5，B 6 セルにはノイズ因子水準数 n と信号因子水準数 k が自動表示される．この場合，$n=2$，$k=3$ である（**C 部**）．

B 15 セルには以降の計算に必要な有効除数 r が，C 16，D 16 セルにはノイズ因子水準ごとの傾き β_{Ni} が求まっている．ここでは，$r=1400$，$\beta_{N1}=1.1285\cdots$，$\beta_{N2}=0.9285\cdots$ となっている（**D 部**）．

B 8 セルには，全変動成分 S_T が求まっている．ここでは，$S_T=2995$ となっている．B 9 セルには，平均的な傾きの大きさ β_{N0} が求まっている．ここでは，$\beta_{N0}=1.028\cdots$ となっている．B 10 セルには，平均の傾きの変動(有効成分) S_β が求まっている．ここでは，$S_\beta=2962.28\cdots$ となっている．B 11 セルには，有害成分 S_N が求まっている．ここでは，$S_N=32.71\cdots$ となっている(**E 部**)．

これらの変動の分解結果から以下の SN 比などの結果が得られる．B 12 セルには SN 比の真数 $\eta_{E\,(真数)}$ が求まっている．ここでは $\eta_{E\,(真数)}=90.55\cdots$ となっている．B 13 セルには SN 比のデシベル値 $\eta_{E\,(\mathrm{db})}$ が求まっている．ここでは $\eta_{E\,(\mathrm{db})}=19.56\cdots$ となっている．D 12 セルには傾きの変化率 p が求まっている．ここでは $p=0.1050\cdots$ となっている．D 13 セルには感度 S が求まっている．ここでは $S=0.2446\cdots$ となっている(**F 部**)．

図 4.2～**図 4.15** に他の例題および演習問題の計算例を示す．なお，【計算ツール(1)】を用いて標準 SN 比を求める場合は，B 19 セル以下の信号値のところに標準条件 N_0 の出力 y_{0j} を入力すればよい．**例題 2.8** の例を**図 4.8** と**図 4.9** に，**また演習 2.2** の例を**図 4.10** と**図 4.11** に示す．ここでは，標準条件 N_0 の出力 y_{0j} は **2.5.3 項**に記載のとおり，各ノイズ因子水準の出力の平均としている．たとえば**図 4.8** の B 19 セルには平均値を求めるための式「＝AVERAGE

	A	B	C	D
1	エネルギー比型SN比			
2	データが直交する場合（2.3.2項）	※繰り返しはノイズ因子と扱ってよい。※信号値を		
3				
4				
5	ノイズ因子水準数 n	2		
6	信号因子水準数 k	4		
7				
8	全変動成分 ST	37836		
9	平均的な傾きの大きさ βN0	4.916666667		
10	平均の傾きの変動（有効成分） Sβ	36260.41667		
11	有害成分 SN	1575.583333		
12	SN比（真数）　ηE（真数）	**23.0139631**	傾きの変化率 p	**0.20845115**
13	SN比（db値） ηE（db）	**13.6199141**	感度 S(db)	**13.8334153**
14				
15	有効除数r	750		
16	傾きβNi		5.933333333	3.9
17				
18	出力値 yij	信号値（共通）	N1	N2
19	M1	**5**	**28**	**19**
20	M2	**10**	**61**	**39**
21	M3	**15**	**92**	**60**
22	M4	**20**	**116**	**77**

図 4.2　【計算ツール(1)】―演習 2.1(1)

	A	B	C	D	E	F
1	エネルギー比型SN比					
2	データが直交する場合（2.3.2項）	※繰り返しはノイズ因子と扱ってよい。※信号値をノイズ因子平均出力にすると標準S				
3						
4						
5	ノイズ因子水準数 n	4				
6	信号因子水準数 k	5				
7						
8	全変動成分 ST	22614.55				
9	平均的な傾きの大きさ βN0	1.005318182				
10	平均の傾きの変動（有効成分） Sβ	22234.62223				
11	有害成分 SN	379.9277727				
12	SN比（真数）　ηE（真数）	**58.5232874**	傾きの変化率 p	**0.13071807**		
13	SN比（db値） ηE（db）	**17.6732871**	感度 S(db)	**0.04607074**		
14						
15	有効除数r	5500				
16	傾きβNi		1.131090909	1.106363636	0.919818182	0.864
17						
18	出力値 yij	信号値（共通）	N1	N2	N3	N4
19	M1	**10**	**12.4**	**11.3**	**9.2**	**9.1**
20	M2	**20**	**24**	**23.8**	**18.3**	**18**
21	M3	**30**	**38.7**	**37.9**	**26.9**	**26.6**
22	M4	**40**	**44.4**	**43.1**	**40.1**	**34.7**
23	M5	**50**	**53.6**	**52.7**	**43.8**	**42.3**

注）　例題のN1条件のサンプル1，2をN1，N2(C18，D18セル)とし，N2条件のサンプル1，2をN3，N4(E18，F18セル)と読み換えて入力．

図4.3　【計算ツール(1)】—演習2.1(2)

	A	B	C	D	E	F
1	エネルギー比型SN比					
2	データが直交する場合（2.3.2項）	※繰り返しはノイズ因子と扱ってよい。※信号値をノイズ因子平均出力にすると標準S				
3						
4						
5	ノイズ因子水準数 n	4				
6	信号因子水準数 k	4				
7						
8	全変動成分 ST	1832645				
9	平均的な傾きの大きさ βN0	12.14166667				
10	平均の傾きの変動（有効成分） Sβ	1769040.833				
11	有害成分 SN	63604.16667				
12	SN比（真数）　ηE（真数）	**27.8132853**	傾きの変化率 p	**0.18961551**		
13	SN比（db値） ηE（db）	**14.4425229**	感度 S(db)	**21.6855661**		
14						
15	有効除数r	3000				
16	傾きβNi		14.72666667	13.96	10.33666667	9.543333333
17						
18	出力値 yij	信号値（共通）	N1	N2	N3	N4
19	M1	**10**	**162**	**157**	**110**	**125**
20	M2	**20**	**314**	**300**	**215**	**203**
21	M3	**30**	**440**	**425**	**319**	**292**
22	M4	**40**	**577**	**539**	**401**	**364**

注）　例題のN1条件のサンプル1，2をN1，N2(C18，D18セル)とし，N2条件のサンプル1，2をN3，N4(E18，F18セル)と読み換えて入力．

図4.4　【計算ツール(1)】—例題2.6(A社製)

	A	B	C	D	E	F
1	エネルギー比型SN比					
2	データが直交する場合（2.3.2項）	※繰り返しはノイズ因子と扱ってよい。※信号値をノイズ因子平均出力にすると標準:				
3						
4						
5	ノイズ因子水準数 n	4				
6	信号因子水準数 k	4				
7						
8	全変動成分 ST	186399106				
9	平均的な傾きの大きさ βN0	12.4385				
10	平均の傾きの変動（有効成分） Sβ	185659538.7				
11	有害成分 SN	739567.3				
12	SN比（真数）　ηE（真数）	**251.038058**	傾きの変化率 p	**0.06311466**		
13	SN比（db値）　ηE（db）	**23.9973957**	感度 S(db)	**21.8953602**		
14						
15	有効除数r	300000				
16	傾きβNi		13.23833333	12.57433333	12.08333333	11.858
17						
18	出力値 yij	信号値（共通）	N1	N2	N3	N4
19	M1	**100**	**1609**	**1530**	**1526**	**1504**
20	M2	**200**	**2644**	**2518**	**2500**	**2411**
21	M3	**300**	**3886**	**3723**	**3608**	**3580**
22	M4	**400**	**5290**	**4997**	**4725**	**4627**

注）　例題のＮ1条件のサンプル1，2をＮ1，Ｎ2(Ｃ18，Ｄ18セル)とし，Ｎ2条件のサンプル1，2をＮ3，Ｎ4(Ｅ18，Ｆ18セル)と読み換えて入力．

図4.5　【計算ツール(1)】―例題2.6(B社製)

	A	B	C	D	E	F	G
1	エネルギー比型SN比						
2	データが直交する場合（2.3.2項）	※繰り返しはノイズ因子と扱ってよい。※信号値をノイズ因子平均出力にすると標準SN比となる。					
3							
4							
5	ノイズ因子水準数 n	8					
6	信号因子水準数 k	20					
7							
8	全変動成分 ST	1448.03155					
9	平均的な傾きの大きさ βN0	0.23777671					
10	平均の傾きの変動（有効成分） Sβ	1298.10706					
11	有害成分 SN	149.924483					
12	SN比（真数）　ηE（真数）	**8.6584061**	傾きの変化率 p	**0.33984511**			
13	SN比（db値）　ηE（db）	**9.37437951**	感度 S(db)	**-12.4766137**			
14							
15	有効除数r	2870					
16	傾きβNi		0.14970592	0.32741291	0.18455299	0.29161858	0.22498804
17							
18	出力値 yij	信号値（共通）	N1	N2	N3	N4	N5
19	M1	**1**	**0.5587005**	**0.9685515**	**0.5973815**	**0.8160145**	**0.7285565**
20	M2	**2**	**0.6704406**	**1.1622618**	**0.7168578**	**0.9792174**	**0.8742678**
21	M3	**3**	**0.7821807**	**1.3559721**	**0.8363341**	**1.1424203**	**1.0199791**
22	M4	**4**	**0.8939208**	**1.5496824**	**0.9558104**	**1.3056232**	**1.1656904**
23	M5	**5**	**1.117401**	**1.937103**	**1.194763**	**1.632029**	**1.457113**
24	M6	**6**	**1.0056609**	**1.7433927**	**1.0752867**	**1.4688261**	**1.3114017**
25	M7	**7**	**1.2324421**	**2.2627815**	**1.3581897**	**1.935918**	**1.6564538**
26	M8	**8**	**1.3474832**	**2.58846**	**1.5216164**	**2.239807**	**1.8557946**
27	M9	**9**	**1.4625243**	**2.9141385**	**1.6850431**	**2.543696**	**2.0551354**
28	M10	**10**	**1.5775654**	**3.239817**	**1.8484698**	**2.847585**	**2.2544762**
29	M11	**11**	**1.6926065**	**3.5654955**	**2.0118965**	**3.151474**	**2.453817**
30	M12	**12**	**1.8076476**	**3.891174**	**2.1753232**	**3.455363**	**2.6531578**
31	M13	**13**	**1.9226887**	**4.2168525**	**2.3387499**	**3.759252**	**2.8524986**
32	M14	**14**	**2.0377298**	**4.542531**	**2.5021766**	**4.063141**	**3.0518394**
33	M15	**15**	**2.1527709**	**4.8682095**	**2.6656033**	**4.36703**	**3.2511802**
34	M16	**16**	**2.267812**	**5.193888**	**2.82903**	**4.670919**	**3.450521**
35	M17	**17**	**2.4343363**	**5.5412289**	**3.0673571**	**4.9758455**	**3.7396089**
36	M18	**18**	**2.6008606**	**5.8885698**	**3.3056842**	**5.280772**	**4.0286968**
37	M19	**19**	**2.7673849**	**6.2359107**	**3.5440113**	**5.5856985**	**4.3177847**
38	M20	**20**	**2.9339092**	**6.5832516**	**3.7823384**	**5.890625**	**4.6068726**

図4.6　【計算ツール(1)】―例題2.7(k＝20)

	A	B	C	D	E	F	G	
1	エネルギー比型SN比							
2	データが直交する場合（2.3.2項）※繰り返しはノイズ因子と扱ってよい。※信号値をノイズ因子平均出力にすると標準SN比となる。							
3								
4								
5	ノイズ因子水準数 n	8						
6	信号因子水準数 k	5						
7								
8	全変動成分 ST	445.481893						
9	平均的な傾きの大きさ βN0	0.2388052						
10	平均の傾きの変動（有効成分） Sβ	401.476575						
11	有害成分 SN	44.0053186						
12	SN比（真数）　ηE（真数）	**9.12336479**	傾きの変化率 p	**0.33107202**				
13	SN比（db値）ηE（db）	**9.6015504**	感度 S(db)	**-12.4391245**				
14								
15	有効除数r	880						
16	傾きβNi		0.14887556	0.32769061	0.18524011	0.29221876	0.22578727	0.
17								
18	出力値 yij	信号値（共通）	N1	N2	N3	N4	N5	N6
19	M1	**4**	**0.8939208**	**1.5496824**	**0.9558104**	**1.3056232**	**1.1656904**	
20	M2	**8**	**1.3474832**	**2.58846**	**1.5216164**	**2.239807**	**1.8557946**	
21	M3	**12**	**1.8076476**	**3.891174**	**2.1753232**	**3.455363**	**2.6531578**	
22	M4	**16**	**2.267812**	**5.193888**	**2.82903**	**4.670919**	**3.450521**	
23	M5	**20**	**2.9339092**	**6.5832516**	**3.7823384**	**5.890625**	**4.6068726**	

図4.7　【計算ツール(1)】—例題2.7(k =5)

	A	B	C	D	E	F
1	エネルギー比型SN比					
2	データが直交する場合（2.3.2項）※繰り返しはノイズ因子と扱ってよい。※信号値をノイズ因子平均出力にすると標準					
3						
4						
5	ノイズ因子水準数 n	4				
6	信号因子水準数 k	18				
7						
8	全変動成分 ST	466.711365				
9	平均的な傾きの大きさ βN0	1				
10	平均の傾きの変動（有効成分） Sβ	421.567564				
11	有害成分 SN	45.1438008				
12	SN比（真数）　ηE（真数）	**9.3383268**	傾きの変化率 p	**0.32723931**		
13	SN比（db値）ηE（db）	**9.70269068**	感度 S(db)	**-9.6433E-16**		
14						
15	有効除数r	105.391891				
16	傾きβNi		0.63819765	1.37719958	0.76943611	1.21516666
17						
18	出力値 yij	信号値（共通）	N1	N2	N3	N4
19	M1	**1.0625**	**0.886**	**1.296**	**0.925**	**1.143**
20	M2	**1.50075**	**1.289**	**1.781**	**1.335**	**1.598**
21	M3	**1.87075**	**1.624**	**2.197**	**1.678**	**1.984**
22	M4	**2.1485**	**1.866**	**2.522**	**1.928**	**2.278**
23	M5	**2.46575**	**2.113**	**2.933**	**2.19**	**2.627**
24	M6	**2.23275**	**1.915**	**2.653**	**1.985**	**2.378**
25	M7	**2.4205**	**1.956**	**2.986**	**2.081**	**2.659**
26	M8	**2.38175**	**1.805**	**3.046**	**1.979**	**2.697**
27	M9	**2.2925**	**1.604**	**3.055**	**1.826**	**2.685**
28	M10	**2.18775**	**1.387**	**3.049**	**1.658**	**2.657**
29	M11	**2.104**	**1.191**	**3.064**	**1.511**	**2.65**
30	M12	**2.07575**	**1.051**	**3.134**	**1.419**	**2.699**
31	M13	**2.1305**	**0.994**	**3.288**	**1.41**	**2.83**
32	M14	**2.2875**	**1.039**	**3.544**	**1.503**	**3.064**
33	M15	**2.5545**	**1.194**	**3.909**	**1.707**	**3.408**
34	M16	**2.92725**	**1.454**	**4.381**	**2.016**	**3.858**
35	M17	**3.4265**	**1.856**	**4.963**	**2.489**	**4.398**
36	M18	**3.98925**	**2.321**	**5.609**	**3.026**	**5.001**

図4.8　【計算ツール(1)】—例題2.8(k =18)

	A	B	C	D	E	F
1	エネルギー比型SN比					
2	データが直交する場合（2.3.2項）※繰り返しはノイズ因子と扱ってよい。※信号値をノイズ因子平均出力にすると標準					
3						
4						
5	ノイズ因子水準数 n	4				
6	信号因子水準数 k	9				
7						
8	全変動成分 ST	249.755713				
9	平均的な傾きの大きさ βN0	1				
10	平均の傾きの変動（有効成分）Sβ	225.347044				
11	有害成分 SN	24.4086693				
12	SN比（真数）　ηE（真数）	**9.23225439**	傾きの変化率 p	**0.32911382**		
13	SN比（db値）ηE（db）	**9.65307763**	感度 S(db)	**0**		
14						
15	有効除数r	56.3367609				
16	傾きβNi		0.63238191	1.38013587	0.76814851	1.21933371
17						
18	出力値 yij	信号値（共通）	N1	N2	N3	N4
19	M1	**1.50075**	**1.289**	**1.781**	**1.335**	**1.598**
20	M2	**2.1485**	**1.866**	**2.522**	**1.928**	**2.278**
21	M3	**2.23275**	**1.915**	**2.653**	**1.985**	**2.378**
22	M4	**2.38175**	**1.805**	**3.046**	**1.979**	**2.697**
23	M5	**2.18775**	**1.387**	**3.049**	**1.658**	**2.657**
24	M6	**2.07575**	**1.051**	**3.134**	**1.419**	**2.699**
25	M7	**2.2875**	**1.039**	**3.544**	**1.503**	**3.064**
26	M8	**2.92725**	**1.454**	**4.381**	**2.016**	**3.858**
27	M9	**3.98925**	**2.321**	**5.609**	**3.026**	**5.001**

図 4.9　【計算ツール(1)】―例題 2.8 (k =9)

	A	B	C	D	E	F
1	エネルギー比型SN比					
2	データが直交する場合（2.3.2項）※繰り返しはノイズ因子と扱ってよい。※信号値をノイズ因子平均出力にすると標準					
3						
4						
5	ノイズ因子水準数 n	4				
6	信号因子水準数 k	10				
7						
8	全変動成分 ST	1835.59068				
9	平均的な傾きの大きさ βN0	1				
10	平均の傾きの変動（有効成分）Sβ	1819.66625				
11	有害成分 SN	15.924423				
12	SN比（真数）　ηE（真数）	**114.268897**	傾きの変化率 p	**0.09354832**		
13	SN比（db値）ηE（db）	**20.5792804**	感度 S(db)	**-9.6433E-16**		
14						
15	有効除数r	454.916563				
16	傾きβNi		0.92406386	1.0219765	1.03961613	1.0143435
17						
18	出力値 yij	信号値（共通）	N1	N2	N3	N4
19	M1	**4.2645**	**2.268**	**3.895**	**5.14**	**5.755**
20	M2	**5.6125**	**3.893**	**5.599**	**6.4**	**6.558**
21	M3	**6.308**	**5.057**	**6.458**	**6.889**	**6.828**
22	M4	**6.72625**	**5.891**	**6.936**	**7.127**	**6.951**
23	M5	**6.99725**	**6.489**	**7.223**	**7.259**	**7.018**
24	M6	**7.179**	**6.917**	**7.403**	**7.339**	**7.057**
25	M7	**7.304**	**7.224**	**7.521**	**7.389**	**7.082**
26	M8	**7.391**	**7.444**	**7.6**	**7.422**	**7.098**
27	M9	**7.45225**	**7.602**	**7.654**	**7.445**	**7.108**
28	M10	**7.49575**	**7.715**	**7.692**	**7.46**	**7.116**

図 4.10　【計算ツール(1)】―演習 2.2 (k =10)

	A	B	C	D	E	F
1	エネルギー比型SN比					
2	データが直交する場合（2.3.2項）	※繰り返しはノイズ因子と扱ってよい。※信号値をノイズ因子平均出力にすると標				
3						
4						
5	ノイズ因子水準数 n	4				
6	信号因子水準数 k	5				
7						
8	全変動成分 ST	962.323558				
9	平均的な傾きの大きさ βN0	1				
10	平均の傾きの変動（有効成分） Sβ	956.375142				
11	有害成分 SN	5.9484165				
12	SN比（真数）　ηE（真数）	**160.778106**	傾きの変化率 p	**0.07886541**		
13	SN比（db値） ηE（db）	**22.0622691**	感度 S(db)	**0**		
14						
15	有効除数r	239.093785				
16	傾きβNi		0.93678411	1.02492293	1.03440146	1.00389149
17						
18	出力値 yij	信号値（共通）	N1	N2	N3	N4
19	M1	**5.6125**	**3.893**	**5.599**	**6.4**	**6.558**
20	M2	**6.72625**	**5.891**	**6.936**	**7.127**	**6.951**
21	M3	**7.179**	**6.917**	**7.403**	**7.339**	**7.057**
22	M4	**7.391**	**7.444**	**7.6**	**7.422**	**7.098**
23	M5	**7.49575**	**7.715**	**7.692**	**7.46**	**7.116**

図 4. 11　【計算ツール(1)】―演習 2. 2(k =5)

(C 19 : F 19)」を入力している．

望小特性の場合，用いるのは全変動 S_T とノイズ因子水準数(データ数)n のみであるので，その値を参照してSN比を求めればよい．一例を**図 4. 12** に示す．G 8 セルにSN比の真数，G 9 セルにSN比のデシベル値を求めている．具体的には，G 8 セルには「=1/(B 8/B 5)」，G 9 セルには「=10*LOG(G 8)」と入力すればよい．不使用のセルは図では「不使用」としているが，デフォルトのまま表示させていても差し支えない．

望大特性は特性値 y の逆数 $1/y$ の望小特性であるので，特性値 y を別途入力しておき(**図 4. 13** の例では「元データ」と表記のある行 C 40 〜 J 40 セル)，$1/y$ をデータセルで計算するとよい(C 19 〜 J 19)．具体的には，C 19 セルには「=1/C 40」と入力すればよい．SN比の計算に用いるのは全変動 S_T のみであるので，これを参照してSN比を求めるのは望小特性と同様である．不使用のセルは図では「不使用」としているが，デフォルトのまま表示させていても差し支えない．

望目特性SN比はゼロ点比例のSN比で信号因子が1水準の場合であるので，

	A	B	C	D	E	F	G	H
1	エネルギー比型SN比							
2	データが直交する場合（2.3.2項）　※繰り返しはノイズ因子と扱ってよい。※信号値をノイズ因子平均出力にすると標準SN比となる。							
3								
4								
5	ノイズ因子水準数 n	6						
6	信号因子水準数 k	不使用						
7								
8	全変動成分 ST	10968		----------->	望小特性SN比	SN比（真数）　ηE（真数）	0.00054705	
9	平均的な傾きの大きさ βN0	不使用				SN比（db値）　ηE（db）	-32.619762	
10	平均の傾きの変動（有効成分）　Sβ	不使用						
11	有害成分 SN	不使用						
12	SN比（真数）　ηE（真数）	**不使用**	傾きの変化率 p	**不使用**				
13	SN比（db値）　ηE（db）	**不使用**	感度 S(db)	**不使用**				
14								
15	有効除数r	不使用						
16	傾きβNi		不使用	不使用	不使用	不使用	不使用	不使用
17								
18	出力値 yij	信号値（共通）	N1	N2	N3	N4	N5	N6
19	M1	**不使用**	**43**	**45**	**39**	**47**	**42**	**40**

図 4.12　【計算ツール(1)】—演習 2.3(1)

	A	B	C	D	E	F	G	H	I	J
1	エネルギー比型SN比									
2	データが直交する場合（2.3.2項）　※繰り返しはノイズ因子と扱ってよい。※信号値をノイズ因子平均出力にすると標準SN比となる。									
3										
4										
5	ノイズ因子水準数 n	8								
6	信号因子水準数 k	不使用								
7										
8	全変動成分 ST	0.000177866		----------->	望大特性SN比	SN比（真数）　ηE（真数）	44977.6333			
9	平均的な傾きの大きさ βN0	不使用				SN比（db値）　ηE（db）	46.529966			
10	平均の傾きの変動（有効成分）　Sβ	不使用								
11	有害成分 SN	不使用								
12	SN比（真数）　ηE（真数）	**不使用**	傾きの変化率 p	**不使用**						
13	SN比（db値）　ηE（db）	**不使用**	感度 S(db)	**不使用**						
14										
15	有効除数r	不使用								
16	傾きβNi		不使用	不使用	不使用	不使用	不使用	不使用	不使用	不使用
17										
18	出力値 yij	信号値（共通）	N1	N2	N3	N4	N5	N6	N7	N8
19	M1	**不使用**	**0.004329**	**0.00518135**	**0.00478469**	**0.00460829**	**0.00452489**	**0.00458716**	**0.005**	**0.00465116**
20	M2									
37	M19									
38	M20									
39										
40		元データ	231	193	209	217	221	218	200	215

図 4.13　【計算ツール(1)】—演習 2.3(2)

【計算ツール(1)】をそのまま使用できる．信号値は 1 としておく（任意の値でも SN 比は変わらない）．計算例を**図 4.14** に示す．不使用のセルは図では「不使用」としているが，デフォルトのまま表示させていても差し支えない．

ゼロ望目特性の場合，用いるのは全変動 S_N とノイズ因子水準数（データ数）n のみであるので，その値を参照して SN 比を求めればよい．計算例を**図 4.15** に示す．信号値は 1 としておく（任意の値でも SN 比は変わらない）．G 8 セルに SN 比の真数 m，G 9 セルに SN 比の db 値を求めている．具体的には，G 8 セルには「=1/(B 11/B 5)」，G 9 セルには「=10*LOG(G 8)」と入力すればよ

	A	B	C	D	E	F	G	H	I	J
1	エネルギー比型SN比									
2	データが直交する場合（2.3.2項）　※繰り返しはノイズ因子と扱ってよい。※信号値をノイズ因子平均出力にすると標準SN比となる。									
3										
4										
5	ノイズ因子水準数 n	8								
6	信号因子水準数 k	1								
7										
8	全変動成分 ST	78134								
9	平均的な傾きの大きさ βN0	98.75								
10	平均の傾きの変動（有効成分） Sβ	78012.5								
11	有害成分 SN	121.5								
12	SN比（真数）　ηE（真数）	**642.078189**	傾きの変化率 p	**0.03946445**						
13	SN比（db値） ηE（db）	**28.0758792**	感度 S(db)	**39.8907421**						
14										
15	有効除数r	1								
16	傾きβNi		103	97	98	101	105	94	93	99
17										
18	出力値 yij	信号値（共通）	N1	N2	N3	N4	N5	N6	N7	N8
19	M1	**1**	**103**	**97**	**98**	**101**	**105**	**94**	**93**	**99**

図 4.14　【計算ツール(1)】―演習 2.3(3)

	A	B	C	D	E	F	G	
1	エネルギー比型SN比							
2	データが直交する場合（2.3.2項）　※繰り返しはノイズ因子と扱ってよい。※信号値をノイズ因子平均出力にすると標準SN比となる。							
3								
4								
5	ノイズ因子水準数 n	10						
6	信号因子水準数 k	不使用						
7								
8	全変動成分 ST	4.67			-->ゼロ望目特性SN比	SN比（真数）　ηE（真数）	**2.15285253**	
9	平均的な傾きの大きさ βN0	0.05				SN比（db値） ηE（db）	**3.33014282**	
10	平均の傾きの変動（有効成分） Sβ	0.025						
11	有害成分 SN	4.645						
12	SN比（真数）　ηE（真数）	**不使用**	傾きの変化率 p	**不使用**				
13	SN比（db値） ηE（db）	**不使用**	感度 S(db)	**不使用**				
14								
15	有効除数r	1						
16	傾きβNi		1.3	-0.8	1.1	0.2	0	
17								
18	出力値 yij	信号値（共通）	N1	N2	N3	N4	N5	N6
19	M1	**1**	**1.3**	**-0.8**	**1.1**	**0.2**	**0**	

図 4.15　【計算ツール(1)】―演習 2.3(4)

い．演習では目標値 0.0 の表記があるが，SN 比の計算には使用しない．不使用のセルは図では「不使用」としているが，デフォルトのまま表示させていても差し支えない．

4.2.3　【計算ツール(2)】の使用方法と計算例

本ツールの【計算ツール(2)】シートを選択すると，**図 4.16** のような画面が現れる．デフォルトではサンプルデータが入力されているので，使用時はデータを上書きして使用する．

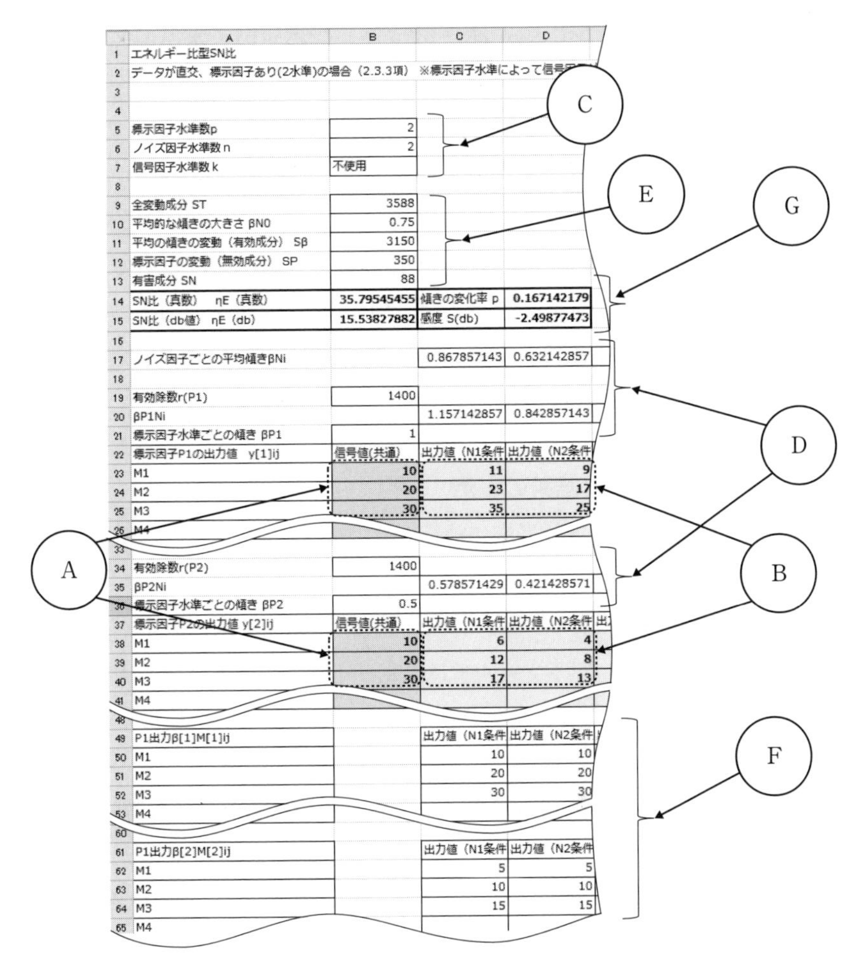

図 4.16　【計算ツール(2)】の画面

(1)　データの入力

【計算ツール(2)】シートでユーザーが操作するのは，信号値を入力する黄色の網掛け部(B 23 および B 38 より下方向)と，出力値 y_{ij} を入力する水色の網掛け部(C 23 および C 38 より下方向と右方向)の 4 箇所である．以下，本書の**例題 2.2** の数値例を入力した状態で説明する．

信号値は標示因子水準ごとに入力可能で，第 1 水準，第 2 水準とも $M_1 = 10$, $M_2 = 20$, $M_3 = 30$ であるので，それぞれ B 23，B 24，B 25 セル，B 38，B 39,

B 40セルにその値を入力する(**A部**). 本ツールは標示因子水準ごとに信号因子の水準が異なっていても計算できる.

データy_{ij}は, 標示因子の第1水準, ノイズ因子の第1水準のデータ$y_{[1]11}=11$, $y_{[1]12}=23$, $y_{[1]13}=35$をそれぞれC 23, C 24, C 25セルに, ノイズ因子第2水準のデータ$y_{[1]21}=9$, $y_{[1]22}=17$, $y_{[1]23}=25$をそれぞれD 23, D 24, D 25セルに入力する. 標示因子の第2水準のデータについても同様に, C 38以下に記入する(**B部**). **表2.5**の行と列が逆になることに注意する.

データは直交する必要があるため, データが歯抜けになったり, 余計な場所に数値が残らないように注意すること.

(2)　データの解析と結果の表示

上記データを入力すると, 即座に計算の途中経過とSN比などの計算結果が表示される.

B 5, B 6, B 7セルには標示因子水準数p, ノイズ因子水準数nが自動表示される. この場合, $p=2$(本ツールでは固定), $n=2$である. 信号因子水準は標示因子水準によって異なるケースがあるのでB 7セルは不使用としている(**C部**).

B 19, B 34セルには以降の計算に必要な標示因子水準ごとの有効除数r_{P1}, r_{P2}が求まっている. ここでは, $r_{P1}=r_{P2}=1400$となっている. C 20, D 20, C 35, D 35セルには標示因子水準P_l, ノイズ因子水準N_iごとの傾きβ_{PmNi}が求まっている. ここでは, $\beta_{P1N1}=1.1571\cdots$, $\beta_{P1N2}=0.8428\cdots$, $\beta_{P2N1}=0.5785\cdots$, $\beta_{P2N2}=0.4214\cdots$となっている. B 21, B 36セルには標示因子水準P_mごとの傾きβ_{Pm}が求まっている. ここでは, $\beta_{P1}=1$, $\beta_{P2}=0.5$となっている(**D部**).

B 9セルには, 全変動成分S_Tが求まっている. ここでは, $S_T=3588$となっている. B 10セルには, 平均的な傾きの大きさβ_{N0}が求まっている. ここでは, $\beta_{N0}=0.75$となっている. B 11セルには, 平均の傾きの変動(有効成分)S_βが求まっている. ここでは, $S_\beta=3150$となっている. B 12セルには, 標示因子の変動(無効成分)S_Pが求まっている. ここでは, $S_P=350$となっている. B 13セルには, 有害成分S_Nが求まっている. ここでは, $S_N=88$となっている(**E部**).

なお，標示因子の変動(無効成分)S_P を求めるにあたり，標示因子水準 P_l $(l=1,\ 2)$ ごとの傾きの出力 $\beta_{[l]}M_{[l]ij}$ をC 50セルから下方向，右方向およびC 62セルから下方向，右方向に求めている(**F部**).

これらの変動の分解結果から以下のSN比などの結果が得られる．B 14セルにはSN比の真数 $\eta_{E\,(真数)}$ が求まっている．ここでは $\eta_{E\,(真数)}=35.79\cdots$ となっている．B 15セルにはSN比のデシベル値 $\eta_{E\,(\mathrm{db})}$ が求まっている．ここでは $\eta_{E\,(\mathrm{db})}=15.53\cdots$ となっている．D 14セルには傾きの変化率 p が求まっている．ここでは，$p=0.1671\cdots$ となっている．D 15セルには感度 S が求まっている．ここでは，$S=-2.4987\cdots$ となっている(**G部**).

図4.17 に演習問題の計算例を示す.

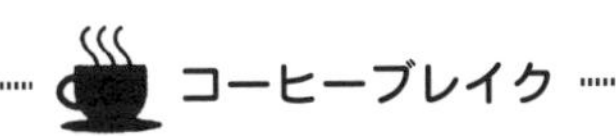

因子(飲酒)が重要！

SN比で評価するときには，目的を明確にして，何を信号ととらえ，何をノイズととらえるのか，因子の仕分けが重要である.

筆者は関西品質工学研究会にほぼ毎月参加しており，研究会後には定例の懇親会が有志で催される(ようするに，酒飲みが連れ立って行くということ)．アルコールが入ってくると，品質工学の議論もさらに活気づく．このときのアルコールは何因子だろうか．アルコールの量に応じて，場が盛り上がっていくので信号因子なのだろうか．飲みすぎて頭が回らなくなってしまっては，これはノイズ因子といってもよい．あるいは，適量のアルコールは心の壁を取り除いて，昼間よりいい意見が出るので制御因子だろう．いやいや，アルコールは因子ではなく，「目的」そのものだ…….ケンケンゴウゴウの議論は今月も続く.

	A	B	C	D
1	エネルギー比型SN比			
2	データが直交、標示因子あり(2水準)の場合（2.3.3項）		※標示因子水準によって信号因子ﾌ	
3				
4				
5	標示因子水準数p	2		
6	ノイズ因子水準数 n	2		
7	信号因子水準数 k	不使用		
8				
9	全変動成分 ST	577290		
10	平均的な傾きの大きさ βN0	0.753230519		
11	平均の傾きの変動（有効成分） Sβ	782951.5774		
12	標示因子の変動（無効成分） SP	-220600.405		
13	有害成分 SN	14938.82792		
14	SN比（真数）　ηE（真数）	**52.41050914**	傾きの変化率 p	**0.13813089**
15	SN比（db値）　ηE（db）	**17.19418379**	感度 S(db)	**-2.46144183**
16				
17	ノイズ因子ごとの平均傾きβNi		0.869441558	0.637019481
18				
19	有効除数r(P1)	140000		
20	βP1Ni		1.141428571	0.857857143
21	標示因子水準ごとの傾き βP1	0.999642857		
22	標示因子P1の出力値　y[1]ij	信号値(共通)	出力値（N1条件	出力値（N2条件
23	M1	**100**	**109**	**88**
24	M2	**200**	**227**	**180**
25	M3	**300**	**345**	**251**
26	M4			
33				
34	有効除数r(P2)	550000		
35	βP2Ni		0.597454545	0.416181818
36	標示因子水準ごとの傾き βP2	0.506818182		
37	標示因子P2の出力値 y[2]ij	信号値(共通)	出力値（N1条件	出力値（N2条件
38	M1	**100**	**61**	**40**
39	M2	**200**	**118**	**79**
40	M3	**300**	**174**	**132**
41	M4	**400**	**243**	**165**
42	M5	**500**	**299**	**207**
43	M6			
48				
49	P1出力β[1]M[1]ij		出力値（N1条件	出力値（N2条件
50	M1		99.96428571	99.96428571
51	M2		199.9285714	199.9285714
52	M3		299.8928571	299.8928571
53	M4			
60				
61	P1出力β[2]M[2]ij		出力値（N1条件	出力値（N2条件
62	M1		50.68181818	50.68181818
63	M2		101.3636364	101.3636364
64	M3		152.0454545	152.0454545
65	M4		202.7272727	202.7272727
66	M5		253.4090909	253.4090909

図 4.17　【計算ツール(2)】―演習 2.1(3)

4.2.4 【計算ツール(3)】の使用方法と計算例

本ツールの【計算ツール(3)】シートを選択すると，**図 4.18** のような画面が現れる．デフォルトではサンプルデータが入力されているので，使用時はデータを上書きして使用する．

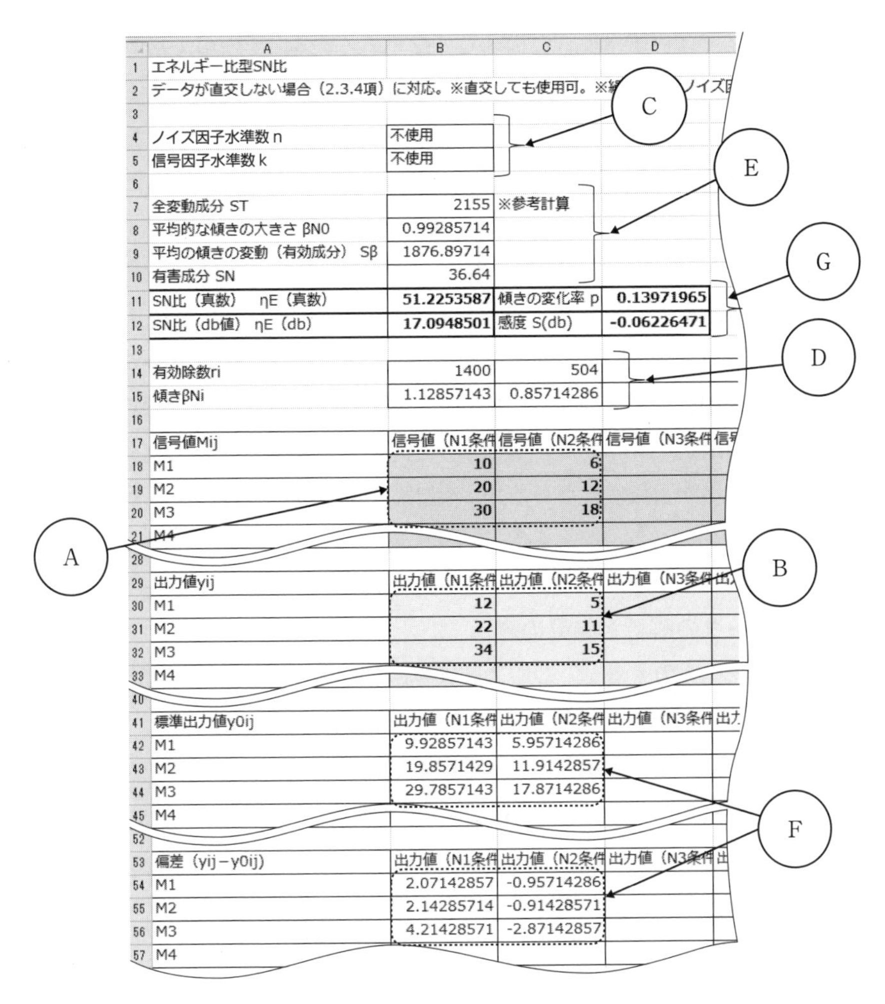

図 4.18 【計算ツール(3)】の画面

(1)　データの入力

【計算ツール(3)】シートでユーザーが操作するのは，信号値を入力する黄色の網掛け部(B 18 より下方向と右方向)と，出力値 y_{ij} を入力する水色の網掛け部(B 30 より下方向と右方向)の 2 箇所である．以下，本書の**例題 2.3** の数値例を入力した状態で説明する．

信号値はノイズ因子水準ごとに入力可能で，ノイズ因子の第 1 水準については $M_1 = 10$，$M_2 = 20$，$M_3 = 30$ であるので，それぞれ B 18，B 19，B 20 セルにその値を入力する．また，ノイズ因子の第 2 水準については $M_1 = 6$，$M_2 = 12$，$M_3 = 18$ であるので，それぞれ C 18，C 19，C 20 セルにその値を入力する(**A 部**)．

データ y_{ij} は，ノイズ因子と信号因子の対応する水準ごとに入力する．ノイズ因子の第 1 水準のデータ $y_{11} = 12$，$y_{12} = 22$，$y_{13} = 34$ をそれぞれ B 30，B 31，B 32 セルに，ノイズ因子第 2 水準のデータ $y_{21} = 5$，$y_{22} = 11$，$y_{23} = 15$ をそれぞれ C 30，C 31，C 32 セルに入力する(**B 部**)．**表 2.7** の行と列が逆になることに注意する．

必要なデータが歯抜けになったり，余計な場所に数値が残らないように注意すること．

(2)　データの解析と結果の表示

上記データを入力すると，即座に計算の途中経過と SN 比などの計算結果が表示される．

本ツールではノイズ因子数 n，信号因子数 k は共通の値でないため(本例ではたまたま一致している)，B 4，B 5 セルの表記は「不使用」となっている(**C 部**)．

B 14，C 14 セルにはノイズ因子水準ごとの有効除数 r_i が求まっている．ここでは，$r_1 = 1400$，$r_2 = 504$ となっている．B 15，C 15 セルにはノイズ因子水準 N_i ごとの傾き β_{Ni} が求まっている．ここでは，$\beta_{N1} = 1.1285\cdots$，$\beta_{N2} = 0.8571\cdots$ となっている(**D 部**)．

B 7 セルには，全変動成分 S_T が求まっている．ここでは，$S_T = 2155$ となっている．なお，**2.3.4**項でも述べたように，データが直交しない場合は有害成分S_Nを全変動成分S_Tから有効成分S_βで引いた差からは求めないため，S_Tを使用しない．ここでは参考として表示している．B8セルには，平均的な傾きの大きさβ_{N0}が求まっている．ここでは，$\beta_{N0}=0.9928\cdots$となっている．B9セルには，平均の傾きの変動(有効成分)S_βが求まっている．ここでは，$S_\beta=1\,876.89\cdots$となっている．B10セルには，有害成分S_Nが求まっている．ここでは，$S_N=36.64$となっている(**E部**)．

なお，有害成分S_Nを求めるにあたって，各データy_{ij}と標準条件$N_0\,(y_{0ij}=\beta_{N0}M_{ij})$の出力値の差を計算しておく必要があり，これらはB42セルから下方向と右方向，B54セルから下方向と右方向にそれぞれ求まっている．たとえば，ノイズ因子の第1水準N_1，信号因子の第1水準M_1に対する標準条件の出力値y_{011}は$9.9285\cdots$(B42セル)，$y_{11}=12$(B30セル)との偏差は$y_{11}-y_{011}=2.0714\cdots$(B54セル)となっている(**F部**)．

これらの変動の分解結果から以下のSN比などの結果が得られる．B11セルにはSN比の真数$\eta_{E\,(\text{真数})}$が求まっている．ここでは$\eta_{E\,(\text{真数})}=51.22\cdots$となっている．B12セルにはSN比のデシベル値$\eta_{E\,(\text{db})}$が求まっている．ここでは$\eta_{E\,(\text{db})}=17.09\cdots$となっている．D11セルには傾きの変化率$p$が求まっている．ここでは，$p=0.1397\cdots$となっている．D12セルには感度$S$が求まっている．ここでは，$S=-0.0622\cdots$となっている(**G部**)．

図4.19と**図4.20**に他の例題および演習問題の計算例を示す．

4.3　StatWorks/V5品質工学編のエネルギー比型SN比計算機能

日本科学技術研修所のデータ解析ツールである「JUSE-StatWorks/V5品質工学編」(以下，StatWorks，**図4.21**)[27]は，エネルギー比型SN比を計算でき，またそれを品質工学のパラメータ設計にシームレスに適用できる，唯一の市販ソフトである(2016年6月現在[32])．以下，StatWorksによる計算手順と計算

32)　ソフトウェアの機能やデザインは今後も更新されていく可能性が高いため，最新の情報は，開発元の日本科学技術研修所に確認していただきたい．

	A	B	C	D
1	エネルギー比型SN比			
2	データが直交しない場合（2.3.4項）に対応。※直交しても使用可。※繰り返しはノイズ因			
3				
4	ノイズ因子水準数 n	不使用		
5	信号因子水準数 k	不使用		
6				
7	全変動成分 ST	5871	※参考計算	
8	平均的な傾きの大きさ βN0	0.994285714		
9	平均の傾きの変動（有効成分） Sβ	6821.368163		
10	有害成分 SN	144.482449		
11	SN比（真数）　ηE（真数）	**47.21243453**	傾きの変化率 p	**0.145536458**
12	SN比（db値）ηE（db）	**16.74056396**	感度 S(db)	**-0.04977601**
13				
14	有効除数ri	1400	5500	
15	傾きβNi	1.128571429	0.86	
16				
17	信号値Mij	信号値（N1条件	信号値（N2条件	信号値（N3条件
18	M1	**10**	**10**	
19	M2	**20**	**20**	
20	M3	**30**	**30**	
21	M4		**40**	
22	M5		**50**	
23	M6			
28				
29	出力値yij	出力値（N1条件	出力値（N2条件	出力値（N3条件
30	M1	**12**	**8**	
31	M2	**22**	**17**	
32	M3	**34**	**23**	
33	M4		**33**	
34	M5		**46**	
35	M6			
40				
41	標準出力値y0ij	出力値（N1条件	出力値（N2条件	出力値（N3条件
42	M1	9.942857143	9.942857143	
43	M2	19.88571429	19.88571429	
44	M3	29.82857143	29.82857143	
45	M4		39.77142857	
46	M5		49.71428571	
47	M6			
52				
53	偏差（yij－y0ij）	出力値（N1条件	出力値（N2条件	出力値（N3条件
54	M1	2.057142857	-1.94285714	
55	M2	2.114285714	-2.88571429	
56	M3	4.171428571	-6.82857143	
57	M4		-6.77142857	
58	M5		-3.71428571	
59	M6			

図4.19　【計算ツール(3)】―例題2.4

	A	B	C	D
1	エネルギー比型SN比			
2	データが直交しない場合（2.3.4項）に対応。※直交しても使用可。※繰り返しはノイズ因			
3				
4	ノイズ因子水準数 n	不使用		
5	信号因子水準数 k	不使用		
6				
7	全変動成分 ST	15916	※参考計算	
8	平均的な傾きの大きさ βN0	4.95		
9	平均の傾きの変動（有効成分） Sβ	21439.6875		
10	有害成分 SN	973.1875		
11	SN比（真数）　ηE（真数）	**22.03037698**	傾きの変化率 p	**0.213053678**
12	SN比（db値）ηE（db）	**13.43021929**	感度 S(db)	**13.89210398**
13				
14	有効除数ri	125	750	
15	傾きβNi	6	3.9	
16				
17	信号値Mij	信号値（N1条件	信号値（N2条件	信号値（N3条件
18	M1	**5**	**5**	
19	M2	**10**	**10**	
20	M3		**15**	
21	M4		**20**	
22	M5			
28				
29	出力値yij	出力値（N1条件	出力値（N2条件	出力値（N3条件
30	M1	**28**	**19**	
31	M2	**61**	**39**	
32	M3		**60**	
33	M4		**77**	
34	M5			
40				
41	標準出力値y0ij	出力値（N1条件	出力値（N2条件	出力値（N3条件
42	M1	24.75	24.75	
43	M2	49.5	49.5	
44	M3		74.25	
45	M4		99	
46	M5			
52				
53	偏差（yij－y0ij）	出力値（N1条件	出力値（N2条件	出力値（N3条件
54	M1	3.25	-5.75	
55	M2	11.5	-10.5	
56	M3		-14.25	
57	M4		-22	
58	M5			

図 4.20　【計算ツール(3)】─演習 2.1(4)

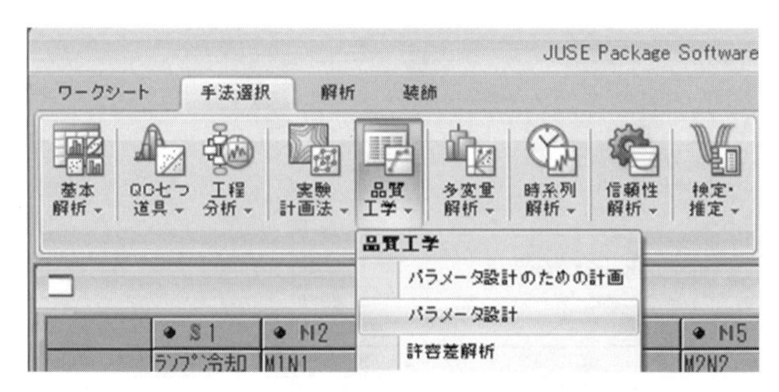

図4.21　JUSE-StatWorks/V5品質工学編[27]

例を示しながら，従来型の田口のSN比との計算結果の違いを見ていく．

StatWorksではパラメータ設計のための解析ツールが実装されているが，これは機能性評価のSN比の計算に用いることもできる．具体的には，2つの評価対象の比較を行う場合は，それをL_{18}直交表の第1列(A列)に割り付けて解析する．すなわち，実験No.1～9に対象①，実験No.10～18に対象②の評価データを入力すれば，対象①，②のSN比が計算され，要因効果図の第1列の因子のところに表示される．評価対象が3つの場合は第2列(B列)に割り付ければよい．

異なる2種類のLED光源の機能の安定性を比較したデータを**表4.2**に示す．LEDの種類によって定格値が異なるため入力信号である電流の範囲が異なる(A社製は20 mA，B社製は150 mA定格)．LED光源を実製品に組み込むときは，光源を複数組み合わせて，所望の明るさを得るため，異なる定格の光源が比較対象として選ばれうるのである．

これらのA社製，B社製のLEDの機能の安定性をSN比で比較するには，まずStatWorksの「手法選択」で「品質工学→パラメータ設計」を選択する(**図4.21**)．つぎに，**図4.22**の画面にて，

① 「L18直交表」

② 「誤差因子水準数4」

③ 「特性の種類」として「動特性―ゼロ点比例式」,「SN比の種類」として「田口のSN比」または「エネルギー比型SN比」

④ 「信号因子水準数4」,「水準値」は「実験Noによって異なる」

表 4.2　LED 光源の電流–輝度値評価データ

A 社製 LED 輝度値[cd/m²]

誤差因子	電流[mA]	5	10	15	20
初期	サンプル 1	169	316	438	578
	サンプル 2	159	297	424	541
劣化後	サンプル 1	116	217	313	399
	サンプル 2	126	199	285	363

B 社製 LED 輝度値[cd/m²]

誤差因子	電流[mA]	60	90	120	150
初期	サンプル 1	1753	2556	3307	4026
	サンプル 2	1817	2664	3443	4185
劣化後	サンプル 1	1653	2433	3163	3824
	サンプル 2	1741	2568	3339	4046

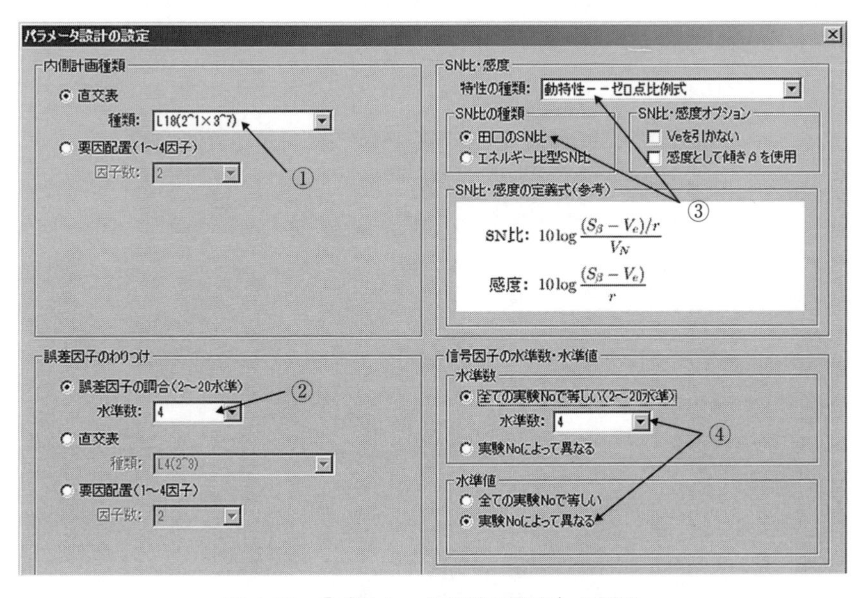

図 4.22 「パラメータ設計の設定」の画面

を選択する．

つぎに，**図4.23**の信号因子の水準値を設定する画面にて，実験No.1～9にA社製の信号因子の水準値(5，10，15，20)，実験No.10～18にB社製の信号因子の水準値(60，90，120，150)を設定する．

つぎに進むと「実験データ」タブにて，**図4.24**のL_{18}直交表の実験データ入力シートが現れるので，No.1～9にA社製の輝度値データ，No.10～18にB社製の輝度値データを入力する．

「入出力図」タブを選択すると，**図4.25**のような入力データが確認できる．A社(代表で実験No.9)とB社(同No.10)で信号範囲が大きく異なる様子や，傾きの変動は，A社のほうがかなり大きく，機能の安定性が悪いことが見てとれる．このように従来型のSN比(田口のSN比)とエネルギー比型SN比でどのように計算されるかを評価した．

SN比の計算結果は「SN比・感度」タブ，2乗和の分解などは「計算過程」タブで確認できる(図は省略)．以上のデータでA社製，B社製のLEDの機能の安定性を，従来型SN比とエネルギー比型SN比で比較した場合の結果を**表4.3**にまとめた．

信号因子の水準値

信号因子の水準値を入力して下さい。［水準数：全ての実験Noで等しい　水準値：実験Noによって異なる］

実験No	M1	M2	M3	M4
1	5	10	15	20
2	5	10	15	20
3	5	10	15	20
4	5	10	15	20
5	5	10	15	20
6	5	10	15	20
7	5	10	15	20
8	5	10	15	20
9	5	10	15	20
10	60	90	120	150
11	60	90	120	150
12	60	90	120	150
13	60	90	120	150
14	60	90	120	150
15	60	90	120	150
16	60	90	120	150
17	60	90	120	150
18	60	90	120	150

図4.23　「信号因子の水準値」の画面

解析データ　効果・推定

実験データ　制御因子　誤差因子　信号因子　入出力図　SN比・感度　計算過程

特性種類：ゼロ点比例式[田口のSN比]　内側計画：直交表[L18(2^1×3^7)]　誤差因子：調合[水準数4]

	5	6	7	8	M1				M2	
実験No	E	F	G	H	N1	N2	N3	N4	N1	N2
1	E1	F1	G1	H1	169	159	116	126	316	
2	E2	F2	G2	H2	169	159	116	126	316	
3	E3	F3	G3	H3	169	159	116	126	316	
4	E2	F2	G3	H3	169	159	116	126	316	
5	E3	F3	G1	H1	169	159	116	126	316	
6	E1	F1	G2	H2	169	159	116	126	316	
7	E1	F3	G2	H3	169	159	116	126	316	
8	E2	F1	G3	H1	169	159	116	126	316	
9	E3	F2	G1	H2	169	159	116	126	316	
10	E3	F2	G2	H1	1753	1817	1653	1741	2556	
11	E1	F3	G3	H2	1753	1817	1653	1741	2556	
12	E2	F1	G1	H3	1753	1817	1653	1741	2556	
13	E3	F1	G3	H2	1753	1817	1653	1741	2556	
14	E1	F2	G1	H3	1753	1817	1653	1741	2556	
15	E2	F3	G2	H1	1753	1817	1653	1741	2556	
16	E2	F3	G1	H2	1753	1817	1653	1741	2556	
17	E3	F1	G2	H3	1753	1817	1653	1741	2556	
18	E1	F2	G3	H1	1753	1817	1653	1741	2556	

図 4.24 「実験データ」の画面

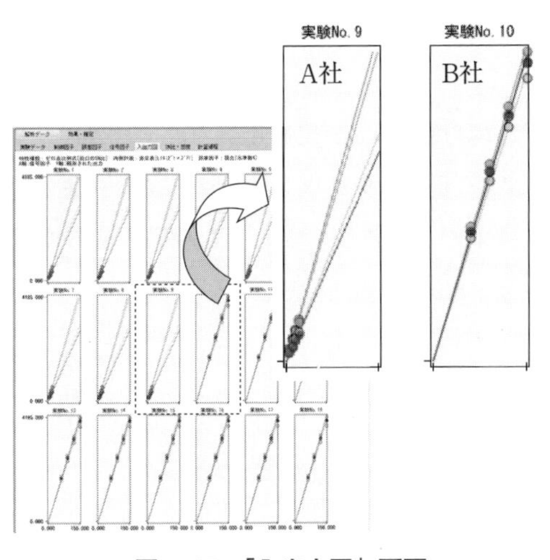

図 4.25 「入出力図」画面

エネルギー比型 SN 比では**図 4.25** の傾きの変動から判断できる機能の安定性(A 社製が悪く，B 社製が良い)と一致している．一方，従来型 SN 比ではその関係が逆転している．**3.2.1 項**でも示したように，これは従来型 SN 比が入力信号データ(ここでは電流)の大きさの影響を受けているためである．A 社製，B 社製のそれぞれのケースで信号の 2 乗平均を比較すると，

表4.3　ゼロ点比例式のSN比における従来型SN比とエネルギー比型SN比の比較

	A社製のSN比 (db)	**大小関係**	**B社製のSN比** (db)	**SN比の差** (db) (A社製－B社製)
従来のSN比 (田口のSN比)	－8.795	>	－13.447	4.652
エネルギー比型 SN比	14.217	<	27.679	－13.462

$$\overline{M_A{}^2} = (5^2 + 10^2 + 15^2 + 20^2)/4 = 187.5$$

$$\overline{M_B{}^2} = (60^2 + 90^2 + 120^2 + 150^2)/4 = 12\,150$$

となり，両者には64.8倍の違いがある．つまり，デシベル単位では10 log (64.8)= 18.1(db)だけ，信号が小さいほう(A社製)のSN比が大きくなるということである．

なお，本例ではゼロ点比例のSN比を用いたが，標準SN比を用いて解析したい場合は，**図4.22**の③のプルダウンメニューより「動特性—非線形の標準SN比」を選択すればよい．静特性についても同様に選択可能である．

あとがき

SN 比は品質工学におけるお客様の立場での品質の評価尺度である．これにはお客様の信号(意図や指令)の，機能の出力への効果(有効成分)と，お客様の使用条件の違いや環境条件であるノイズの影響(有害成分)によって成り立っている．すなわち，これらの SN 比計算の入力データの質が重要である．妥当な SN 比を計算することの本質は統計学ではなく，機能やお客様の使用条件の考慮である．そして，SN 比の計算式を用いるときには，その計算式の前提に合うような実験を行うことが重要で，計算式の意味を理解せずに機械的に使用することがないように留意する必要がある．数理や計算を一度理解・納得してしまえば，ほとんどの場合は Excel などのツールに任せることができる．また，本書で紹介したエネルギー比型 SN 比はいわゆる推測統計学を用いていないので，数理の理解が容易であり，使用の局面だけでなく社内教育や普及にも大いに役立つはずである．尻込みすることなく，自信をもって SN 比を活用いただき，技術活動の成果に結び付けてほしい．

さて，本書では SN 比の計算の例題や演習問題はすべて機能性評価(機能の安定性評価)を扱った．技術の開発や評価において，ほとんどの場合は性能や品質の相対比較である．他社品と自社品の比較，自社従来品と新規開発品の比較，技術者が考えた改善アイデア(技術方式や制御因子の水準)どうしの比較などである．改善アイデアの比較を行えば，機能性評価だけでも設計品質の改善は進む．一方で，品質工学の強力な方法論の一つとしてパラメータ設計がある．一般には直交表を用いた設計改善手法として知られ，タグチメソッドの名で有名である．初学者が品質工学に出会い，業務に活用しようとする多くの場合——筆者も例外ではなかったが——，まず直交表実験を実施してみたくなる．しかし，独学や自己流で実施した大抵の場合，数多くの実験工数とは裏腹に実験は失敗し，「もう面倒な品質工学なんてやらない」となってしまう例を数多く見てきた(筆者の場合，今でもこうやって品質工学をやっているのは，初めての直交表実験で品質不具合が1/50になったというビギナーズラックがあったからだ)．つまり，パラメータ設計に必要な土台を築かずに，いきなり直交表の魅惑にとりつかれてしまうと失敗するのだ．パラメータ設計に必要な土台となるのは，言うまでもなくSN比であり，そのための正しい機能定義やノイズ因子設定である．パラメータ設計とは，形式上18種類の設計条件における，18回の機能性評価である．**パラメータ設計成功の必要条件は，正しい機能性評価である**．パラメータ設計の失敗とは，改善できなかった失敗と，予想改善効果が再現しなかった失敗である．このうち，改善できなかった失敗の原因は改善アイデアの不足である．これを考えるのは技術者の仕事であり，品質工学とは直接関係しない．一方，予想改善効果が再現しなかった失敗は根が深い．ここで言えることは，妥当な機能性評価を実施し，妥当なSN比を用いてパラメータ設計を行えば，この種の失敗を防ぐ可能性が高まるということである．これは**SN比の利得の加法性**という問題である．間違ったSN比ではこの性質が生まれにくい．このようなことから，パラメータ設計においても，機能性評価以上にSN比の重要性を指摘することができる．

第3章で従来型のSN比の問題点を取り上げ，これを検証してきた．このような問題点にいかにして気づき，エネルギー比型SN比を構築してきたのかについて興味のある読者もおられるのではないかと思う．筆者個人としては，2007年に非線形の標準SN比を用いた機能性評価の実務で，非常にばらつきが大きいにもかかわらず，高いSN比の値になっていることに疑問をもったことが発端である．その場合にデータ数(信号水準数)の影響を受けるのではないかという仮説をもち，同年の7月に関西品質工学研究会にこれを持ち込み議論が始まったのである．従来型の非線形の標準SN比は，$(S_\beta - V_e)/V_N$ という形であった(V_N は有害成分をその自由度 $nk-1$ で割ったもので総合の誤差分散などと呼ばれる)．この元の形は分子も分母も $nr = nk\overline{M^2}$(データ数 nk ×平均的な信号の大きさ M の2乗)で割った，$[(S_\beta - V_e)/nr]/[V_N/nr]$ である．分子の $[(S_\beta - V_e)/nr]$ は $\beta_{N0}{}^2$ の不偏推定値である．問題は分母の総合の誤差分散であるが，$[V_N/nr]$ は総合の誤差の平方和 $S_N\ (= S_{\beta\times N} + S_e)$ を自由度 $nk-1$ で割り，さらにデータ数 nk（と M^2）でも割っているのである．つまり，データ数相当の量で2度割っている．

同研究会会長の太田勝之とメールでやりとりしながら，最終的には「S_β/S_N という非常にシンプルな式が浮かび上がる」(太田勝之，2007年7月18日私信)との提案につながった．このあと，研究会の清水豊，鐵見太郎を巻き込み，数理的な検証，実データでの検証を進めながら，研究会の諸氏と白熱した議論を続けていった．またその後，研究会外の方々とも意見交換を行い，多数のコメントや示唆をいただいた．研究当初は従来の数式の少しの修正程度の考えで始めた議論であったが，さまざまな過去の文献にあたるにつれ，新しいSN比への変更は非常に大きく興味深い話題を含むことがわかってきた．この研究課題で扱っていることは，技術開発論から見た推測統計学からの脱却であり，また損失関数との整合などの品質工学に対する考え方への原点回帰であることに気づかされた．SN比についてはまだまだ議論が尽きることがないだろう．

末筆となったが，従来の田口式SN比の問題点の指摘や，その改善方法の着想は筆者らが初めて行ったものではないことを断っておかなければならない．エネルギー比型SN比発表の2カ月後の2008年8月号(受付は2006年7月と筆者らの発表より早い)の品質工学会誌『品質工学』に前田誠による「ゼロ点比例式のSN比の定義の見直し」[8]が掲載された．ここでは従来の田口式SN比の問題点が指摘され，また特にゼロ点比例のSN比においてはエネルギー比型SN比と同様な解決策が提示されており，我が意を得たのである(前田式SN比については2.3.4項を参照)．この研究では，さらに織田村元視が2004年4月号の品質工学誌「会員の声」のコーナーに寄せた小論「「標準SN比の補足」感想—比例式のSN比について—」[28]が参照されている．ここではすでに，1997年の田口玄一[29]を引いて，田口はもともと信号因子水準が異なるデータでも比較できるようにしたかったことを示している．そのうえで，田口によりエネルギー比型SN比相当の形がすでに示されていたこと，その定義式のほうが理にかなっていることを指摘している．さらに，中島建夫が2003年12月号の品質工学誌「会員の声」のコーナーに寄せた小論「標準SN比の補足」[30]では，田口のSN比が信号水準数(データ数)や信号の大きさの影響を受けること，次元をもっていることなどを指摘している．

2008年に筆者らがエネルギー比型SN比を発表した時点では，前記田口の論説[29]にたどり着いていたが，なぜ最終的にエネルギー比型にならなかったのかが疑問だったのである．織田村，中島の小論は「会員の声」ということで，残念ながら当時の先行研究の探索では見つけられなかったものである．その点は，筆者らの2008年の発表時に初めて問題を指摘したかのような書きぶりになってしまったのは，申し訳なく思っている．エネルギー比型SN比発表以前の，田口，中島，織田村，前田らの慧眼をあらためて強調しておきたい．

本書を上梓するにあたり，立林和夫氏には『品質工学』誌に解説という形でエネルギー比型SN比の論点を整理いただき，またエネルギー比型SN比のJUSE-StatWorksへの搭載にご尽力いただいた．さらにはご多忙のなか，本書を査読いただき，丁寧な指導をいただいた．早稲田大学の永田靖教授には，エネルギー比型SN比に統計的な解説を加えていただいた．関西品質工学研究会，地方研究会の方々とはエネルギー比型SN比のさまざまなアドバイスやアイデアを得るために議論させていただいた．原和彦氏には研究成果を品質工学研究発表大会実行委員長賞という形で顕彰していただいた．片山清志部長をはじめとする日本科学技術研修所数理事業部の皆様には，エネルギー比型SN比の講演会の設定や，出版への後押しを積極的に行っていただいた．鈴木兄宏氏をはじめとする日科技連出版社の方々にさまざまな有益なアドバイスをいただいた．ここに挙げ切れない多くの方々のご支援，ご協力を経て本書をこのような形で世に出すことができた．この場をお借りして深く感謝申し上げる．

2016年7月19日　兵庫県伊丹市の自宅にて

鶴　田　明　三

参考文献

[1] 鶴田・太田・鐵見・清水(2008)：「新SN比の研究(1)」～「新SN比の研究(5)」，『第16回品質工学研究発表大会論文集』，pp. 410–429.

[2] 第1章の内容は以下の文献を包括的に参照した．鶴田明三(2016)：『これでわかった！ 超実践 品質工学』，日本規格協会.

[3] N-TZD研究会(2003)：「製造業のための「新製品開発段階からの不良ゼロ対策を図るための調査・研究結果」
http://qcd.jp/pdf/corporateActivuty/n-tzd-R.pdf

[4] H. Hamada(1991)：Euro Pace Quality Forum.

[5] 田口玄一・横山巽子(2007)：『ベーシックオフライン品質工学』，日本規格協会，p. 210.

[6] 田口玄一(1999)：『品質工学の数理』，日本規格協会，pp. 12–13.

[7] 田口玄一(2000)：『ロバスト設計のための機能性評価』，日本規格協会，p. 128.

[8] 前田誠(2008)：「ゼロ点比例式のSN比の定義式の見直し」，『品質工学』，16，4，pp. 62–69.

[9] たとえば，奈良・石坪・志村・理寛寺(2001)：「機能性評価による小型DCモータの最適化」，『品質工学』，9，5，pp. 34–41.

[10] たとえば，矢野・西内・小山・北崎・木村(1997)：「医薬品の噴霧乾燥の品質工学による機能性評価」，『品質工学』，5，5，pp. 29–37.

[11] たとえば，矢野・早川(2009)：「MTシステムによる地震の予測の可能性の研究」，『標準化と品質管理』，62，7，pp. 27–40.

[12] 鶴田・太田・鐵見・清水(2008)：「新SN比の研究(1)」，『第16回品質工学研究発表大会論文集』，pp. 410–413.

[13] 田口玄一(2001)：「シミュレーションによるロバスト設計—標準SN比—」，『品質工学』，9，2，pp. 5–10.

[14] 中野惠司・大場章司・井上清和(2009)：『上級タグチメソッド』，日科技連出版社，p. 202.

[15] 田口玄一(1977)：『第3版 実験計画法』，丸善，p. 684.

[16] 田口玄一(1977)：『第3版 実験計画法』，丸善，p. 686.

[17] 田口玄一(1977)：「22章 計測法のための実験計画とSN比」，『第3版 実験計画法』所収，丸善，pp. 611–618.

[18] 田口玄一・横山巽子(2007)：『ベーシックオフライン品質工学』，日本規格協会，pp. 57–71.

[19] 立林・和田(2011):「「品質工学で用いるSN比の再検討」に関する議論」,『品質工学』, 19, 2, p. 33.
[20] 鶴田・太田・鐵見・清水(2008):「新SN比の研究(5)」,『16回品質工学研究発表大会論文集』, pp. 426-429.
[21] 椿広計・河村敏彦(2008):『設計科学におけるタグチメソッド』, 日科技連出版社, p. 6.
[22] 椿広計・河村敏彦(2008):『設計科学におけるタグチメソッド』, 日科技連出版社, pp. 87-88.
[23] 田口玄一(1986):「品質工学への道」,『品質』, 16, 2, pp. 21-22.
[24] 田口玄一(1999):『品質工学の数理』, 日本規格協会, pp. 232-233.
[25] 宮川雅巳(2000):『品質を獲得する技術』, 日科技連出版社, pp. 97-98.
[26] 永田靖(2008):「"新SN比"(関西品質工学研究会)についてのコメント」, 私信.
[27] 日科技研ホームページの「StatWorks/V5によるパラメータ設計」
https://www.i-juse.co.jp/statistics/xdata/func-parameter_design.pdf
[28] 織田村元視(2004):「『標準SN比の補足』感想―比例式のSN比について―」,『品質工学』, 12, 2, p. 165.
[29] 田口玄一(1977):『第3版 実験計画法』, 丸善, pp. 1015-1017.
[30] 中島建夫(2003):「標準SN比の補足」,『品質工学』, 11, 6, pp. 125-126.

索　引

[タ 行]

[ナ 行]

[ハ 行]

著者紹介

鶴田　明三(つるた ひろぞう)

1969年兵庫県神戸市生まれ．京都大学大学院工学研究科を修了．
三菱電機株式会社へ入社し，社内製品設計やプロセス改善の研究開発に従事．基板実装などの生産プロセスの品質改善を得意とし，関連出願特許の実施額は1,000億円を超える．
現在，先端技術総合研究所環境・分析評価技術部信頼性基礎評価グループマネージャー．製品・部品の信頼性技術開発の推進・管理を担当するかたわら，全社設計品質改善プロジェクトのメンバーとして品質工学などの品質作り込み技術を推進，リーダーを育成．
技術士(経営工学)，品質管理検定(QC 検定) 1 級．
日本技術士会，品質工学会，日本品質管理学会，関西品質工学研究会などに所属．
ブログ「つるぞうの品質工学 QEと, EQ 的生活」http://tsuruzoh-qe.blogspot.jp/

[著書]
『これでわかった！　超実践 品質工学』(日本規格協会，2016年)．

《設計・開発現場の品質工学》

エネルギー比型SN比
技術クオリティを見える化する新しい指標

2016年11月19日　第1刷発行

著　者　鶴田　明三
発行人　田中　　健

発行所　株式会社　日科技連出版社
〒151-0051　東京都渋谷区千駄ケ谷 5-15-5
DSビル
電　話　出版　03-5379-1244
営業　03-5379-1238

検印省略

Printed in Japan

印刷・製本　東港出版印刷株式会社

ISBN 978-4-8171-9594-4
URL http://www.juse-p.co.jp/